Viktoria Schwenger
Agnes

Viktoria Schwenger

Agnes

Mein Leben als Weinbäuerin

rosenheimer

2. Auflage
© 2021 Rosenheimer Verlagshaus GmbH & Co. KG,
Rosenheim
www.rosenheimer.com

Titelbild: © Bundesarchiv, Bild 183-18040-0005 /
Fotograf: Burkert
Bild Seite 203: Das Bild zeigt Agnes Schäfer heute vor den
fränkischen Weinbergen. / Fotograf: Thomas Ludwig
Lektorat: Christine Weber, Dresden
Satz: SATZstudio Josef Pieper, Bedburg-Hau
Druck und Bindung: Finidr s.r.l., Český Těšín
Printed in Czech Republic

ISBN 978-3-475-54554-2

*Das Buch ist den Lebenserinnerungen von Agnes
Schäfer aus Homburg, Unterfranken,
nachempfunden.*

*»Unser Leben währet siebzig Jahre,
und wenn's hoch kommt, so sind's achtzig Jahre,
und wenn's köstlich gewesen ist,
so ist es Mühe und Arbeit gewesen;
denn es fährt schnell dahin,
als flögen wir davon.«*

Bibel, Psalm 90, 10

Inhalt

Goldener Oktober

Der Herbst ist die vielleicht schönste Zeit für Ausflüge, Wanderungen oder Radtouren durch Unterfranken, entlang des Mains. An den Ufern des in der Sonne glitzernden Flusses erblickt man weithin Wälder und Weinberge, Felder und Auen, aber auch malerische Städtchen mit alten Fachwerkhäusern.

Die Weinlese ist fast überall vorüber, und in den Häckerwirtschaften, saisonal geöffneten Weinstuben, laden Schilder mit der Aufschrift *Federweißer* dazu ein, den allerersten, noch nicht ganz vergorenen Frankenwein des Jahres zu kosten. »Sauser« heißt er anderswo – nicht ganz zu Unrecht, denn er kann, wenn man zu viel davon getrunken hat, im Kopf oder in der Bauchgegend allerhand »Sausen« verursachen. So mancher kann ein Lied davon singen.

Ich war unterwegs in der Gemarkung »Himmelreich«, jenem Teil Unterfrankens, wo nach der hübschen, betriebsamen Stadt Marktheidenfeld die Straße weiter in die dunklen Wälder des Spessarts führt. Doch vorher machte ich Rast im idyllischen Örtchen Homburg, einem Gemeindeteil von Triefenstein. Schon von Weitem grüßte mich das Wahrzeichen des Ortes: das auf einem imposanten, steil abfallenden Kalk-Tuffsteinfelsen thronende Schloss. Neben dem historischen Fachwerkgebäude ragt der alte Burgfried in die Höhe, ein trutziger romanischer Rundturm, der früher einmal als Gefängnis diente.

Ich schlenderte durch Homburgs alte, verwinkelte Gassen und stieg hinauf zum Schloss, von wo aus man die unvergleichliche Aussicht auf die Umgebung genießen kann: Unten fließt der Main, ringsum erstrecken sich Wälder und Weinberge. Unter all den Weinbergen fällt der denkmalgeschützte »Kallmuth«, der sanft gerundete, größte Weinberg ins Auge.

Homburg selbst teilt sich in den unteren, historischen Ortskern, »die Altstadt«, und in moderne Neubaugebiete, die sich den Hang hinauf erstrecken. Hier, in dem romantischen Weinort, lernte ich Agnes Schäfer kennen, eine fränkische Weinbäuerin.

Sie war bereits zweiundneunzig Jahre alt, als ich sie traf: eine einfache Frau, trotz ihres hohen Alters immer noch rüstig und voller Erinnerungen an frühere Zeiten. Ihr ganzes Leben hat sie in Homburg verbracht und den Wandel des letzten Jahrhunderts miterlebt.

Sie erzählte von dem einfachen, arbeitsreichen Leben der Bewohner dieser Gegend in früheren Jahren – einer Zeit fern aller Hektik, Umtriebigkeit, technischen Neuerungen und den oft maßlosen Ansprüchen unserer modernen, digitalen Welt.

Als hätte sie es gestern erst erlebt, berichtete sie von der mühevollen Arbeit in der Landwirtschaft – damals musste man noch ohne Maschinen auskommen –, von anstrengender Hauswirtschaft und den Strapazen im Weinberg, dem »Wengert«, wie man hier im Fränkischen sagt.

Als ich sie fragte, ob denn ihr Leben nicht zu hart und mühsam gewesen sei, schließlich musste sie sich von früh bis spät abrackern, schaute sie nur verständnislos, schüttelte den Kopf und meinte schlicht: »Des hat ma mache müss'!«

Viktoria Schwenger

Gregor und Dora

Das kleine Örtchen Homburg am südlichen Rande Unterfrankens erstreckt sich idyllisch am Ufer des Mains, umgeben von Feldern, Wiesen und Weinbergen, gekrönt von Schloss Homburg, einem mittelalterlichen Fachwerkbau, der stolz auf einem Felsen oberhalb des Flusses thront. Das Gebiet drüber halb des südlichen Hügels zählt bereits zu Baden-Württemberg, und nicht weit entfernt beginnt der romantische Spessart, der größte zusammenhängende Laubmischwald Deutschlands. Dieses Mittelgebirge zwischen Rhön und Vogelsberg ist vielen aus den Erzählungen und Märchen von Wilhelm Hauff bekannt, insbesondere auch aus dem Film »Das Wirtshaus im Spessart«, und dem romantischen, verwunschenen Wasserschloss Mespelbrunn.

Erste Beurkundungen des Ortes weisen 1.200 Jahre zurück und belegen, dass dort seit fast 900 Jahren Weinbau betrieben wird. Eine bewegte Geschichte und eine große Tradition prägen den Ort und die Gegend, auch wenn es dort heutzutage eher ruhig und beschaulich zugeht.

Dies alles kümmerte Dora Dornbusch nicht, als sie am 10. April 1924 spürte, dass die Geburt ihres dritten Kindes unmittelbar bevorstand. Draußen vor dem Wohnhaus der kleinen Landwirtschaft, die oberhalb und abgelegen des Ortes lag, hielt sie nach Gregor, ihrem Mann, Ausschau. Der fuhr gerade mit seinem Ochsengespann nach getaner Arbeit in einem der Weinberge auf den Hof der kleinen Landwirtschaft.

»Gregor! Geh runter ins Dorf und hol die Hebamm'! Die Wehen sind schon arg stark, ich glaub, es dauert nimmer allzu lang! Die Kinder nimmst gleich mit zur Großmutter Wolz, damit sie aufg'räumt sind.« Dora wandte sich wieder der Haustür zu, hielt im Gehen inne und stützte die Hände in den Rücken, als sie erneut von einer schmerzhaften Wehe übermannt wurde.

Die beiden kleinen Mädchen Olga und Luitgard spielten in der Küche und versuchten gerade, aus Holzklötzchen ein Haus zu bauen. Dora nahm die eine an der Hand, die andere hob sie hoch und setzte sie sich auf die Hüfte, soweit das bei dem dicken, unförmigen Bauch der Hochschwangeren noch möglich war.

»Dora, lass des! Heb die Olga ned hoch, die is doch viel zu schwer für dich, die kann lauf'!« Gregor war in die Küche gekommen und sah seine Frau besorgt an. »Ist's schon arg schlimm?«

Dora wischte sich mit der Hand über die feuchte Stirn. »Es geht scho', s'is ja ned das erste Mal! Aber schau zu, dass die Hebamm' bald kommt, und gib der Anna drunten Bescheid, sie soll komm' und helf'.«

Gregor nickte, führte die kleinen Töchter nach draußen und setzte sie auf den Karren, vor den die

Ochsen gespannt waren. »Bleibt brav sitz', ich komm gleich wieder, dann fahren wir runter zur Großmutter Wolz«, forderte er die beiden kleinen Mädchen auf.

Wieder im Haus, sah er, wie Dora den schweren Kessel mit Wasser hochlupfte und auf den Herd setzen wollte. »Lass, Dora! Das mach ich!«

Doch die wehrte ab. »Es muss heißes Wasser da sein, wenn die Hebamm' kommt.«

»Jaja, aber lass, das ist viel zu schwer für dich.« Energisch nahm er ihr den schweren Kessel aus der Hand und setzte ihn auf den Herd, in dem ein Feuer prasselte. »Kann ich sonst noch was mach'?« Er sah seine Frau fragend an.

Die schüttelte den Kopf. »Bring nur schnell die Hebamm' und die Anna, alles andere geht dann schon!«

Gregor legte kurz den Arm um sie und nickte ihr aufmunternd zu. »Also, dann mach's gut«, meinte er etwas unbeholfen.

Eine Niederkunft war nichts für Männer, da wollten die Frauen unter sich sein – das wusste er noch von den zwei vorhergehenden Geburten seiner Töchter. Ein Mann störte da nur, und es war ihm gerade recht, wenn er sich verdrücken konnte.

Dora sah ihm durchs Fenster nach, wie er das Gespann den steilen Wiesenweg hinunter nach Homburg lenkte. Wieder spürte sie eine Wehe nahen, sie presste die Lippen aufeinander und stöhnte vor Schmerz. Am besten wäre wohl, sie würde sich oben im Schlafzimmer ins Bett legen und vorher noch die sauberen Tücher aus dem

Schrank holen, die sie schon vor Tagen vorbereitet hatte.

Eine knappe halbe Stunde mochte vergangen sein, als sie unten die Haustür ins Schloss fallen und jemanden nach ihr rufen hörte.

»Dora? Wo bist denn?« Es war Anna, eine der Bäuerinnen aus dem Ort unten, Doras Freundin aus der Schulzeit.

»Heroben, im Schlafzimmer!«, rief diese gepresst, denn erneut überflutete sie der Geburtsschmerz. Es war höchste Zeit, dass jemand kam, um ihr zu helfen.

Anna stürmte ins Zimmer. »Ist's scho recht arg?«, fragte sie und trat ans Bett der Gebärenden. »Die Hebamm' kommt erst ein bissle später, die ist noch unterwegs, aber der Gregor ist hing'fahren und bringt sie mit.«

Dora nickte, der Schweiß stand ihr auf der Stirn. »Hoffentlich kommt sie rechtzeitig«, meinte sie ängstlich.

»Die kommt! Das wär das erste Mal, dass die eine Geburt versäumt, und ich bin ja auch noch da«, meinte Anna beruhigend. »Im Notfall machen wir zwei des allein! S'ist ned meine erste Entbindung und deine auch ned.«

Dora lächelte gequält. Sie wusste, Anna hatte »das« auch bereits drei Mal durchgemacht. »Stimmt schon, aber die Hebamm' wär mir schon lieb«, meinte sie.

Mit kundigen Händen breitete Anna die weißen Leinentücher auf dem Bett unter den schweren

Körper der Schwangeren, bevor sie nach unten eilte, um heißes Wasser in einer Kanne aus dem Wasserschiffle im Herd zu holen.

»Hoffentlich wird's diesmal ein Bua«, jammerte Dora, als die Freundin hereinkam und mit dem Wasser hantierte.

»Wird schon einer werden, Dora, nach zwei Mädla!«, beruhigte Anna sie.

»S'wär wichtig, weißt, für den Gregor. Einen Stammhalter brauch mer!«

»Man nimmt, was der Herrgott einem schickt, Hauptsach, s'is g'sund.«

In dem Moment hörten sie jemanden die Stiege heraufkommen.

»Des is die Hebamm!«, rief Anna erleichtert aus. Ganz wohl war ihr nicht gewesen bei dem Gedanken, mit Dora bei der Geburt allein zu bleiben.

Die alte Hebamme des Ortes trat schwer schnaufend ein, ihr Hebammenköfferchen an der Hand. »Ich war grad noch in der Näh' von Triefenstein, bei den Hocks haben's einen Buben gekriegt«, meinte sie zufrieden. »S'ist schon der vierte hintereinander. Aber ich glaub, der letzte ist's noch ned. Die Frau, die kriegt Kinder wie a Katz'. Da muss man grad schau'n, dass man noch rechtzeitig kommt, so purzeln die daher.«

Sie ging zu Dora ans Bett und schlug die Decke zurück. »Lass mal schauen, Dora, wie weit' schon bist.« Fachmännisch untersuchte sie die Entbindende, stellte fest, dass der Muttermund weit geöffnet war.

»S'ist Zeit, dass ich kommen bin! S'wird nimmer allzu lang dauern.« Sie strich Dora mit einem kalten Lappen über die feuchte Stirn. »S'wird scho', kennst dich ja aus, gell?«

Dora nickte und stöhnte erneut. »Wenn's nur ein Bua wird, dann ist alles gut!«

Die Hebamme antwortete nicht, hantierte mit den Utensilien aus ihrer Tasche.

Dora hörte, wie Gregor draußen die Ochsen ausspannte, um sie in den Stall zu führen, der ans Haus angebaut war. »Ist der Gregor da?«, wollte sie von Anna wissen.

Die sah aus dem Fenster. »Ja, der geht mit der Sens' auf' die Wies' da hinten.«

»Mit der Sens'? Da ist doch gar nix zu mähen!« Dora schüttelte den Kopf.

Die Hebamme lachte. »Die Männer! Die sind immer a weng durcheinand', wenn's ums Kinderkriegen geht. Da wissen's ned recht, was sie machen soll'! Aber kümmer' dich ned drum, Dora, konzentrier dich auf dich und auf's Kind. Gleich ist's so weit, ich seh'das Köpfle schon. Des hat grad die gleichen schwarzen Haar wie die zwei andern!«

Dora musste, trotz der Anstrengung des Pressens, lächeln.

»A bissle noch, gleich hast's g'schafft«, spornte die Hebamme die Gebärende an. Anna hatte sich hinter Dora gesetzt und stützte sie am Rücken bei der harten Arbeit des Pressens. Eine letzte schwere Presswehe, dann spürte Dora wie das Kind förmlich aus ihrem Leib flutschte. Es war geschafft.

Erschöpft ließ sich Dora zurücksinken und vernahm den ersten Schrei des Neugeborenen. »Und?«, fragte sie in ängstlicher Erwartung und sah die Hebamme fragend an, die das Kind in ein Tuch hüllte.

»Ein gesundes, kräftiges Mädla«, antwortete diese.

»Wieder ein Mädla!« Tränen der Enttäuschung traten Dora in die Augen, erschöpft ließ sie sich nach hinten fallen, und als die Hebamme ihr das Kind an die Seite legte, sah sie es wie durch einen Schleier.

Anna bemerkte die Enttäuschung der Freundin und legte tröstend den Arm um sie. »Beim nächsten Mal wird's sicher ein Bua, Dora!«

Dora seufzte schwer. »Noch einmal das Ganze«, brach es erbittert aus ihr heraus.

»Sei ned undankbar, Dora«, meinte die Hebamme streng. »Es ist ein g'sundes Kind, und der Herrgott wird schon wissen, was er macht.«

Dora nickte ergeben. So war es halt, und so musste man es nehmen. Was der Gregor wohl sagen würde? Sie wusste, dass auch er sich insgeheim einen Buben gewünscht hatte. Nun war es wieder eine Tochter!

Als die Hebamme die Wöchnerin versorgt hatte, ging sie nach unten, um nach dem frischgebackenen Vater zu schauen.

Der hantierte im Hof herum. Als er die Hebamme sah, hob er erwartungsvoll den Kopf. »Und?«

»Alles ist gut, Gregor. Der Dora und dem kleinen Mädla geht's gut!« Sie sah, dass kurz ein

Schimmer von Enttäuschung über sein Gesicht flog. Er wischte sich die Hände an der schmutzigen Arbeitshose ab. »Kann ich rauf zu ihr?«

»Ja, aber vorher wäschst dir gründlich die Händ'! Und noch was, Gregor! Die Dora, die ist recht enttäuscht, weißt ...«

Gregor nickte. »S'ist gut so, wie's ist!«

Die Hebamme nickte anerkennend. »So ist's recht g'redet, Gregor. Ihr seid noch jung, da können noch einige Buben kommen.« Sie sah ihm nach, wie er ins Haus ging. Nicht immer reagierten die Männer so wie er, wenn der ersehnte Stammhalter ausblieb. Zu oft hatte sie erlebt, welche Vorwürfe die Männer ihren Frauen machten, wenn es »nur« ein Mädchen war, das sie »daherbrachte«. Vielfach war man der Meinung, dass die Frauen für das Geschlecht der Kinder verantwortlich waren. Selbst diese glaubten das oft und fühlten sich entsprechend schuldig.

Auch Dora sah ihrem Gregor zaghaft entgegen, als er ins Schlafzimmer kam, doch er strich ihr liebevoll übers Haar. »Musst ned enttäuscht sein, Dora! Hauptsach es ist g'sund!«

Er nahm das Kind auf, sah es prüfend an, strich ihm über das schwarz behaarte Köpfchen. »Die ist genauso schön wie die anderen zwei«, er lächelte, und selbst Dora lächelte, wenn auch unter Tränen. »Wie soll sie denn heißen? Hast dir einen Namen ausdenkt?«

Dora seufzte. »Eigentlich hätt es ein Gregor werden sollen. Jetzt wird's halt eine Agnes. Was meinst? G'fällt dir der Nam'?«

Gregor nickte. »Mach des ganz so, wie es dir passt, wie bei den anderen. Mir soll's recht sein.« Vorsichtig legte er das kleine Bündel neben seine Frau und gab ihr unbeholfen einen Kuss auf die Stirn. »Jetzt ruh dich erst mal aus. Die Kinder sind bei der Großmutter Wolz gut unter'bracht, und die Anna, die kann dir noch was zum Essen mach', gell, Anna? Ich geh' dann zum Wirt!«

Dora nickte. Sie konnte sich vorstellen, wie dort gespottet werden würde, wenn die Stammtischbrüder hörten, dass es beim Dornbusch »wieder nur ein Mädla« gegeben hatte. Der arme Gregor! Es tat ihr so leid!

Am nächsten Tag holte der Gregor Luitgard und Olga bei der Großmutter Wolz, Doras Mutter, in der Unterstadt ab. Die beiden kleinen Mädchen waren recht aufgeregt, hatte ihnen doch die Großmutter erzählt, dass zu Hause ein kleines »Poppele« angekommen wäre, das die Mutter aus der Burgquelle geholt hätte.

In Homburg werden die Babys nämlich nicht wie anderswo vom Klapperstorch gebracht, sondern sie entspringen der Quelle unterhalb der Burg, die praktischerweise zwei Ursprünge hat, was erklärt, warum es Buben und Mädchen gibt: Die Mädla kommen aus der linken und die Buben aus der rechten Quelle.

Zwei Tage nach der Geburt wurde die kleine Agnes getauft, ihre Patin, die »Doudi«, wie man hier die Paten nennt, trug sie in die Kirche. Dora durfte nicht dabei sein, denn nach den Regeln der katholischen Kirche durfte sie das

Gotteshaus nicht betreten, solange sie nicht ausgesegnet war.

Dazu ging sie zwei Wochen später in die Kirche. Schon am Eingang wurde sie vom Pfarrer erwartet.

Er gab ihr eine brennende Kerze in die Hand und führte sie zusammen mit dem Messdiener an den Marienaltar, wo sie niederkniete. Dann legte er ihr die Stola um die Hände und sprach das Gebet zur Aussegnung. »Tritt ein in den Tempel Gottes, bete an den Sohn der allerseligsten Jungfrau Maria, welcher dir die Fruchtbarkeit verliehen hat.« So wollte es der Brauch, damit war die Dora nach dem Glauben der katholischen Kirche wieder »von Sünden gereinigt« und durfte am Gottesdienst teilnehmen.

Im Laufe der nächsten Jahre kam Dora noch vier Mal nieder. Jedes Mal gebar sie ein Mädchen, von denen eines jedoch noch im Kindbett verstarb. So hatten Gregor und Dora Dornbusch am Ende sechs Töchter: Luitgard, Olga, Agnes, Amalie, Therese und die kleine Thekla. Schöne Namen hatte Dora für ihre Kinder ausgesucht, wenigstens das sollte sein, und alle sechs Mädchen wuchsen sich im Laufe der Jahre als wahre Schönheiten heraus.

Mitunter sprachen die Leute im Ort Dora darauf an, was für schöne Mädla sie doch hätte. Dann meinte sie abwehrend: »Wenn d' Nas' in der Mitt' vom G'sicht ist, isses scho recht!« Aber sie freute sich doch darüber, dass ihre Töchter so hübsch waren.

Im Dorf hieß es: »Bua hat er keinen zusammen'bracht, der Gregor, aber ein Mädla ist schöner als das andere!«

Gregor sagte Jahre später, bei der Hochzeit seiner Jüngsten, stolz: »Ich hätt' noch mal sechs Mädla haben können! Die wären alle weggegangen wie die warmen Brötli, so schön sind die.«

Doch Agnes, die Drittgeborene, war von allen die Schönste.

Ich hab's ned schlecht 'troffen mit dem Gregor und den Kindern, dachte Dora gelegentlich in späteren Jahren, wenn sie denn Zeit hatte, ihren Gedanken nachzuhängen.

Der Gregor war ein guter Mann, ein treu sorgender Vater, und die Kinder waren alle gesund und wohlgeraten. Dass kein Bub dabei war, das hatte sie nach all den Jahren verschmerzt. Wer weiß, wofür es gut ist, dachte sie manchmal insgeheim.

Die Hebamme mochte wohl recht gehabt haben, wenn sie nach jeder Geburt einer Tochter gemeint hatte: »Der Herrgott da oben wird schon wiss', warum er das so eingerichtet hat.«

Dabei konnte die Dora damals noch nicht ahnen, welches Unheil der furchtbare Zweite Weltkrieg einige Jahre später über Deutschland bringen würde. Ihre Söhne wären da gerade im wehrfähigen Alter gewesen und vielleicht, so wie manch junger Bursche aus dem Ort, nicht mehr aus dem Krieg heimgekommen. Dieses Schicksal blieb der Dora und dem Gregor erspart. Hatte es der Herrgott doch richtig gemacht.

Agnes erzählt

Der Hof meiner Eltern, Dora und Gregor, stand abseits von Homburg, weit oberhalb des alten Ortskerns, inmitten von grünen Weiden, Feldern und Obstwiesen. Nur ein schmaler, ausgefahrener Wiesenweg führte hinauf zu unserem Anwesen.

Gleich hinter dem Hügel liegt die Grenze zu Baden-Württemberg. Damals war das sozusagen »Feindesland«, der nächstgelegene Ort heißt Dertingen, weshalb mein Vater, der Gregor Dornbusch, spöttisch »der Dertinger Gregor« genannt wurde. Dabei sind wir echte, stolze Unterfranken und katholisch, nicht evangelisch wie die meisten Dertinger.

Die Religionszugehörigkeit spielte damals, im Gegensatz zu heute, eine große Rolle. Es kam vor, dass ein Hoferbe enterbt wurde, wenn er sich in ein Mädla mit anderer Religionszugehörigkeit, eine »Irrgläubige«, verliebt hatte und nicht von ihr lassen wollte.

Der Blick von unserem Anwesen hinunter auf das Dorf mit der Kirche und dem Schloss, weiter zum Main und zu den Weinbergen des Kallmuth war unvergleichlich schön. Doch wir hatten selten Zeit, diese Aussicht zu genießen, denn die Tage waren ausgefüllt mit Arbeit.

Im Stall neben dem Wohnhaus standen sechs Kühe, im Koben grunzten zwei Schweine, einige Ziegen liefen herum, und an die dreißig Hühner mit ihrem stolzen Hahn liefen um das Haus. Meine Mutter, die Dora, hatte alle Hände voll zu tun, das krähende und gackernde Federvieh von ihrem umzäunten Gemüsegärtla wegzuhalten. Der besondere Stolz meines Vaters war sein edles schwarzes Reitpferd der »Rapp«, den er aus dem Krieg gerettet hatte. Die Arbeit am Hof ging nie aus. Wir Kinder mussten von klein an mithelfen, doch das war zu jener Zeit allgemein üblich. So passten wir auf die jüngeren Geschwister auf, halfen bei der Obsternte, auf den Feldern beim Kartoffelklauben oder beim Rübenhacken und fütterten die Hühner. Unsere Unterstützung war unentbehrlich. Ganz zu schweigen von der Hausarbeit, die aus Putzen, Kochen, Brotbacken, mühevollem Waschen und Flicken oder dem Jäten im Gemüsegarten bestand. Eine achtköpfige Familie wie die unsere wollte versorgt sein.

Gelegentlich, vor allem wenn meine Mutter wieder einmal im Kindbett lag oder eine besondere Arbeit zu verrichten war, half ein Tagelöhner oder der eine oder andere Nachbar oder Freund dem Vater bei der Arbeit aus. Nachbarschaftshilfe war selbstverständlich, schließlich brauchte man selbst auch gelegentlich Beistand. Dann war es gut, wenn man einige Stunden »Freundschaftsdienst« auf dem Konto hatte.

Meine Mutter arbeitete vor der Geburt ihrer Kinder stets bis zur Niederkunft, legte sich erst bei den ersten Wehen nieder und war nach den Entbindungen meist schnell wieder auf den Beinen. Sie konnte es sich nicht leisten, lange auszufallen. Bei der Arbeit, und sie war von früh bis spät beschäftigt, wuselten meine kleineren Geschwister, die Amalie, die Therese und die Thekla um sie herum. Oft scheuchte sie die Kleinen weg und schimpfte, weil wir Größeren nicht besser auf die Schwestern aufpassten. So habe ich meine Mutter in Erinnerung: immer beschäftigt, abgearbeitet und müde.

Der besondere Stolz meiner Familie war der Weinberg, wo wir eine Parzelle besaßen. Zu der Zeit hatte in Homburg fast jeder »Bauer« einen oder mehrere Weingärten, und sie wären sich zweitrangig vorgekommen, wenn sie keinen »Wengert« oder zumindest eine kleine Parzelle, ein »Wengertle«, ihr Eigen genannt hätten. Die wenigstens von ihnen waren jedoch Winzer und kelterten Wein selbst, sondern sie lieferten die Trauben an die Genossenschaft oder an Winzer im Ort ab. Selbst teuren Wein zu trinken, leisteten sich die wenigstens, man trank überwiegend selbst gemachten Most, den man aus den eigenen Äpfeln herstellte.

Die »besseren« Weinbauern waren die »Gsöllsbäuere«: solche, die sich bei der Arbeit am Weinberg ein Pferdegespann leisten konnten, denn sie besaßen meist größere Anbauflächen. Doch das waren die wenigsten in Homburg, genau genommen waren es nur drei zu jener Zeit.

Danach gab es die »Kühbäuere«, welche ihre Kühe zum Einspannen nehmen mussten. Zu diesen gehörte auch mein Vater.

Die sogenannten »Kühbäuere«, nutzen ihre Kühe zum Einspannen. Zu diesen Bauern gehörte auch mein Vater. Er besaß zwar ein Pferd, den Rapp, den er aus dem Ersten Weltkrieg behalten hatte, doch der war viel zu edel für die Arbeit im Weinberg, dazu brauchte es schwere Ackergäule.

Die Letzten waren die sogenannten »Arbeiterbäuerle«, die meist nur in schwerer Handarbeit ihre kleinen Parzellen bearbeiteten. Sie wurden etwas verächtlich »Gäßbäuerli« genannt, da sie sich keine Kuh, sondern nur Ziegen leisten konnten und ihre kleine Landwirtschaft meist nur nebenerwerbsmäßig, neben einer anderen Lohntätigkeit oder einem kleinen Gewerbe, ausübten. Da blieb dann der größte Teil der Arbeit an den Frauen und der oft zahlreichen Kinderschar hängen.

Vom Weinanbau allein konnte fast keiner der Homburger Weinbauern leben, aber man wäre sich zweitrangig vorgekommen, hätte man nicht wenigstens einen kleinen Weinberg besessen.

Der ganze Stolz meines Vaters war der besagte »Rapp«, ein edler, schwarzer Wallach, mit dem er täglich ausritt. Das ließ er sich nicht nehmen, auch wenn die Ortsbewohner darüber vielleicht die Nase rümpften. Doch das war wohl eher aus Neid auf das schöne Tier, denn solch ein Pferd hatte keiner von ihnen.

Mein Vater hatte im Krieg bei den Ulanen gedient, einer Elitetruppe der Kavallerie der Bayerischen

Armee. Dieses Regiment galt neben dem 1. Schwere-Reiter-Regiment und dem Leibregiment des Königs als eines der drei »vornehmen« Verbände der Bayerischen Armee und war während des Ersten Weltkrieges in Frankreich und an der Ostfront eingesetzt. Auch mein Vater war dort im Einsatz gewesen. Die Ulanen galten als die verwegensten und mutigsten Kämpfer, entsprechend stolz waren sie in ihrer schmucken Uniform. Ein Bild meines Vaters, das ihn auf seinem Pferd in der farbenprächtigen Montur der Ulanen zeigt, hängt heute noch in meinem Wohnzimmer.

Vielleicht war das der Grund dafür gewesen, dass sich meine Mutter, eine geborene Wolz, die aus einer angesehenen und alteingesessenen Familie Homburgs stammte, ausgerechnet in ihn verliebt hatte.

»Die Dora Wolz macht sich stolz!«, hatte es im Ort geheißen, als die schöne Dora ins heiratsfähige Alter gekommen war und etliche Anwärter aus Homburg und Umgebung hatte abblitzen lassen. Sie entschied sich für Gregor Dornbusch, meinen Vater.

Später hat sie manchmal gespöttelt, er hätte sich wohl »recht g'streckt«, um zu den Ulanen zu kommen, denn für dieses Eliteregiment war ein Mindestmaß von eins fünfundachtzig vorgeschrieben, auch sonst musste man von kräftiger und ansehnlicher Statur sein. Doch das Kriterium erfüllte mein Vater, er war ein wahrlich schöner Mann.

Meine Mutter war oft recht eifersüchtig, so erzählte man mir später. Kaum dass mein Vater allein aufs Feld durfte: »Einen schönen Mann soll ma ned zu viel allein lass', da gäb's so manche in Homburg, die ihm schöne Augen machen tät!«

Die Dornbuschs waren, ebenso wie die Wolz, eine alteingesessene Homburger Familie mit weit verzweigtem Stammbaum. Mein Vater hatte droben am Hügel für Dora und seine Familie einen Aussiedlerhof gebaut, in dem wir wohnten. Wir waren nicht vermögend, aber auch nicht arm, und stolz darauf, dass wir von den Erträgen, die Landwirtschaft und Weinberg abwarfen, leben konnten. Mein Vater musste sich nicht anderswo zusätzlich verdingen, wie manch andere Männer in Homburg. Wir haben nie Hunger leiden müssen, auch nicht in der schlechten Zeit nach dem Krieg.

Nachdem meine kleine Schwester Thekla geboren wurde, war Schluss mit dem Kindersegen bei uns. Ich war gerade acht Jahre. Meine Eltern wären noch jung genug gewesen, um weitere Kinder in die Welt zu setzen, aber noch mehr Töchter zu bekommen, wäre dann doch zu kostspielig geworden, meinte meine Mutter kategorisch. »Mädla ziehst groß, und dann gehen's aus dem Haus. Eine Mitgift musst ihnen auch noch mitgeben«, meinte sie resolut.

Damit hatte sie recht, denn alle Töchter mussten mit einer Mitgift ausgestattet werden. Eine Hochzeit auszurichten, kostete Geld – und dabei wollte man sich keineswegs lumpen lassen.

Meine Mutter führte ein strenges Regiment im Haus. Schläge, eine Ohrfeige oder einen »Schnelzer«, was man woanders eine »Kopfnuss« nennt, gab es des Öfteren, wenn wir nicht so »spurten«, wie sie es sich vorstellte. Doch solche Erziehungsmethoden waren völlig normal zu jener Zeit, niemand hätte sich darüber aufgeregt. Man hätte eher unverständig den Kopf geschüttelt, wenn Eltern ihre Kinder nicht auch körperlich bestraft hätten.

Ich hing mehr am Vater, der ausgeglichener als die Mutter war und nicht so viel schimpfte. Doch er hatte es auch leichter, denn von Männern verlangte man seinerzeit nicht, sich großartig an der Kindererziehung zu beteiligen, das war Frauensache.

Die Arbeitsteilung war seinerzeit streng geregelt, und die drei »K«, für »Kirche, Küche und Kinder« waren für Frauen selbstverständlich. Nur die Bäuerinnen mussten auch noch bei der Feldarbeit helfen.

»Die Agnes ist dem Vater sein Bua«, meinte die Mutter, wenn sie wieder einmal sah, wie ich dem Vater hinterherrannte. Doch auch der Vater mochte mich besonders gern und nahm mich häufig in Schutz, wenn die Mutter mich mal wieder zu streng maßregelte.

Schulzeit

Wir Schwestern verstanden uns gut, selbst wenn es gelegentlich Eifersüchteleien gab, wenn sich die eine oder die andere benachteiligt fühlte. Ich weiß noch, dass meine große Schwester Luitgard auf uns Jüngere aufpassen musste, dabei war sie selbst noch ein Kind. Immerhin ging sie bereits zur Schule, worum ich sie sehr beneidete.

Wenn Luitgard nach der Arbeit in Haus und Garten, die nach der Schule fällig war, endlich abends über den Hausaufgaben brütete, setzte ich mich neben sie und versuchte, auf jedes nur greifbare Stückchen Papier Zahlen und Buchstaben zu kritzeln, um ihr nachzueifern.

»Dass du ja nicht meine Stifte nimmst! Tafel und Griffel lässt auch liegen«, schimpfte Luitgard, denn die Stifte für die Schule waren teuer. Luitgard bewahrte sie in einem hölzernen Griffelkasten auf, mit bunten Blumen bemalt. Das schöne Stück faszinierte mich, aber ich durfte es nicht einmal anfassen. Wie sehr ich mir wünschte, doch auch in die Schule gehen zu dürfen!

Endlich war die Zeit gekommen, da ich eingeschult wurde. Ich war ungemein stolz, als ich zum ersten Mal mit dem Ranzen auf dem Rücken hinunter in die Schule ging, die zu der Zeit im alten, recht renovierungsbedürftigen Gebsattel-Schloss mehr schlecht als recht untergebracht war.

Im Erdgeschoss gab es ein Zimmer für den ersten und zweiten Jahrgang, wobei Mädchen und Buben streng voneinander getrennt in den alten Schulbänken saßen. Daneben befand sich der Raum für die dritte und vierte Klasse, die ebenfalls gemischt war, im ersten Stock wurden Kinder bis zum siebten Jahrgang zusammen unterrichtet.

Die Einführung eines achten Volksschuljahres war in Homburg wegen Raummangels zurückgestellt worden. Es gab zu wenig Platz für ein weiteres Schulzimmer, da auch der Lehrer im Schloss wohnte. So ging ich nur sieben Jahre in die Schule.

Bücher und Hefte mussten die Eltern selbst bezahlen – für viele Familien, die meist mehrere Kinder hatten, eine enorme Ausgabe. Deshalb mussten wir sehr gut auf unsere Fibeln aufpassen und auch die Stifte nicht zu oft anspitzen, damit man alles an die jüngeren Geschwister »vererben« konnte. Wie es die wirklich armen Familien machten, von denen es viele gab, weiß ich nicht. Vielleicht konnten sie Bücher in der Schule ausleihen?

Unser gestrenger Oberlehrer hieß ebenfalls Wolz, war aber nicht mit uns verwandt. Ihm zur Seite stand das Fräulein Stöcklein als zweite Lehrkraft; zudem gab es an der Homburger Schule bereits seit 1922 eine dritte Lehrerstelle, jedoch nur eine Aushilfstätigkeit. Diese besetzte auch ein »Fräulein«, an dessen Namen ich mich nicht mehr erinnere.

Lehrer waren seinerzeit vom Staat ins Beamten-verhältnis übernommen worden. Die Regierung hatte verfügt, dass die Schule »[...] die ganze, un-geteilte Arbeitskraft des Lehrers erfordere und er somit von der Last der Nebenbeschäftigungen be-freit werden sollte, den Organistendienst in der Kirche ausgenommen. [...]«

»Die Jacke des Beamten ist eng, aber warm«, sagte man, und das stimmte. Die Lehrer hatten zwar ein geregeltes Einkommen und waren im Ort angesehene Leute, doch das Gehalt fiel ge-ring aus; doch immerhin konnten sie davon le-ben.

Früher mussten Lehrer ihr schmales Entgelt durch allerhand andere Arbeiten aufbessern, besa-ßen meist einen Gemüsegarten, vielleicht sogar zwei Ziegen und waren auf milde Gaben der Be-völkerung in Form von Naturalien angewiesen. Da bekam so manches Kind eine bessere Note, wenn der Vater dem Lehrer für den Sonntag einen Gockel oder zu Weihnachten gar eine Gans spen-dierte. Auch zu meiner Schulzeit freuten sich die Lehrer, wenn sie von Eltern gelegentlich etwas Essbares zugesteckt bekamen, was sich dann viel-leicht in besseren Noten für die Kinder nieder-schlug. Da sahen sich wieder einmal die Armen benachteiligt, die das Bisschen, das sie hatten, dringend selbst brauchten, um ihre meist zahlrei-che Kinderschar durchzubringen.

Meine Mutter musste sich manch hämische Be-merkung gefallen lassen, weil ich jeden Tag nach dem Melken dem Fräulein Stöcklein eine Kanne

Milch brachte. »Lasst mer mei Ruh, ich hab einen Haufen Kinner in der Schul', mit den Lehrern muss ich mich gut halten!«, schimpfte sie zu ihrer Verteidigung.

Andere Kinder waren oft neidisch, dabei hatte ich es nicht nötig, dank milder Gaben vom Fräulein Stöcklein bevorzugt zu werden, ich war eine brave und gute Schülerin. Lesen, Schön- und Rechtschreiben, Kopf- und Tafelrechnen, Fleiß und sittliches Betragen standen damals auf dem Lehrplan. Einen großen Raum nahm der Religionsunterricht ein. So musste unter anderem der Katechismus auswendig gelernt werden. Mir machte das Freude, aber viele Kinder brachten die langen Texte einfach nicht in ihren Kopf hinein. Da gab es schnell einen »Schnelzer«, wenn man beim Aufsagen zu stottern anfing.

Ich ging gern zur Schule, und das nicht nur, weil ich damit so mancher Arbeit auf dem Hof und im Haus entkommen konnte. Besonders gut war ich im Rechnen, was etwas Besonderes war, galten doch Mädchen seinerzeit als zu dumm für Mathematik.

»Die Agnes ist halt doch dem Vater sein Bua!«, hörte ich dann wieder, wenn ich eine gute Note im Rechnen heimbrachte.

Das Schuljahr begann am ersten Mai, und die Ferientermine richteten sich nach der örtlichen Getreide-, Kartoffel- und Obsternte sowie nach der Weinlese. In den Sommermonaten begann die Schule bereits um sieben in der Früh, in den Wintermonaten eine Stunde später.

Die Lehrer, allen voran Oberlehrer Wolz, waren streng zu uns Kindern, und Prügelstrafen wegen ungebührlichen Verhaltens oder fehlender Hausaufgaben standen auf der Tagesordnung. Dabei war so manches Kind nicht schuld daran, wenn es, ohne die Aufgaben gemacht zu haben, in die Schule kam. Gerade die Kinder der ärmeren Bauern oder der Tagelöhner mussten wie Erwachsene arbeiten, oft bis spät in die Nacht und auch noch vor der Schule. Wann wäre da noch Zeit für die Erledigung von Hausaufgaben gewesen?

Doch das interessierte den Lehrer wenig: Wer an der Reihe war, musste vortreten, sich über eine Bank legen, bevor der Hosenboden stramm gezogen wurde und der Stock mit Schwung aufs Hinterteil niedersauste. Dabei mussten wir anderen Kinder die Schläge mitzählen, meist waren es sechs an der Zahl, und die meisten Mitschüler johlten vor Vergnügen. Mir taten die versohlten Buben leid, weil ich wusste, wie schwer sie es daheim hatten.

Bei uns Mädchen war diese Art der Strafe nicht erlaubt. Wir bekamen allenfalls »Tatzen«: Wir mussten vortreten, der Lehrer hielt die ausgestreckte Hand fest, und dann zischte das Tatzenstöckchen herab, bis die Finger rot wurden und anschwollen. Eine beliebte Strafe bestand darin, dass der Lehrer die Zöpfe von uns Mädchen um seinen Stock wickelte und dann daran zog, dass wir glaubten, er würde uns die Haare vom Kopf reißen – so weh hat das getan.

Ich blieb zum Glück von solchen Strafen verschont, doch einmal traf es auch mich. Hinter mir in der Bank saß ein Mädchen aus der Unterstadt, das ich gar nicht leiden konnte, sie mich auch nicht. Während des Unterrichts stach sie mich mit ihrem Griffel in den Rücken, immer wieder. Erst tat ich so, als wäre nichts, aber sie gab nicht auf. Da drehte ich mich um und zischte ihr zu, sie solle endlich aufhören.

Genau in diesem Moment schaute das Fräulein Stöcklein zu mir hin: »Agnes! Jetzt fängst auch du noch an zu schwätzen! Nach der Schul' kommst zu mir, dann geb' ich dir eine Strafaufgabe auf.«

Ich lief rot an vor Scham und weinte fast, aber nur fast, und das Mädchen hinter mir kicherte schadenfroh. Nach dem Unterricht ging ich, zitternd vor Angst, zu Fräulein Stöcklein, die mir eine Strafarbeit aufbrummte.

Um nichts in der Welt hätte ich die andere verklagt. Aber die Verbitterung, dass ich, im Grunde unschuldig, büßen musste und in der Gunst des Fräuleins gesunken war, saß tief wie ein Stachel in mir. Heute noch erinnere ich mich an diese Begebenheit.

Einmal brachte ich ein besonders gutes Zeugnis nach Hause und war sehr stolz darauf.

Als ich heimkam und es den Eltern zeigen wollte, meinte der Vater nur beiläufig: »Leg's hin und zieh dein Arbeitsg'wand an. Wir müss' gleich raus aufs Feld. Des Zeugnis ist ned so wichtig, das kann ich später auch noch anschau'!«

Darüber war ich arg enttäuscht, ich hätte mich so über ein Lob gefreut. Doch für solche

Gefühlsduseleien hatte man keine Zeit. Die Arbeit ging immer vor.

Ein bis zwei Mal im Jahr fuhr mein Vater mit dem Rad die dreißig Kilometer nach Würzburg, wenn dort Behördliches oder Sonstiges zu erledigen war. Üblicherweise brachte er ein lebendes Ferkel zur Aufzucht mit, das er kopfüber an den Fahrradrahmen gebunden hatte, wo das Tier jämmerlich quiekte.

Dieses Mal hatte er etwas anderes auf das Rad gebunden. Er trug einen großen, dunklen, etwas ramponierten Kasten in die Küche. Neugierig standen wir um ihn herum, als er ihn öffnete und – welche Überraschung! – ein Schifferklavier heraushob.

»Da, schau, Agnes, des hab ich heut eing'handelt für dich! Weißt, wegen dem guten Zeugnis!«, sagte er.

Wir staunten, und ich war sprachlos. Ein Schifferklavier! Das hatte ich mir schon lange gewünscht. Meine Mutter schüttelte verständnislos den Kopf, und vermutlich musste sich der Vater später eine gehörige Gardinenpredigt anhören, doch ich war glückselig.

»Wenn du willst, darfst du Akkordeonspielen lernen. Ich weiß, dass du musikalisch bist, du singst ja immer so schön im Kirchenchor«, lobte mich der Vater.

Im nahen Triefenstein gab es einen Musiklehrer, und der Vater meldete mich dort an. Die Unterrichtsstunde kostete fünfzig Pfennig, das war viel Geld für uns.

Ich fuhr mit meinem klapprigen Rad – ich stand in den Pedalen, denn zum Sattel reichte ich mit dem Popo noch nicht hinauf – die paar Kilometer hin, das Akkordeon hinten auf den Gepäckträger geschnallt. Mehr als einmal fiel es mir in den Kurven herunter, aber es schien ein robustes Instrument zu sein, zumindest hat es keinen größeren Schaden genommen.

Beim zweiten Besuch gab mir der Lehrer Notenblätter mit. »Du musst Noten lesen können, Agnes«, sagte er. »Sonst kannst du später keine Lieder spielen. Das ist wie mit den Buchstaben: Wenn du die nicht kennst, wirst du auch nie Geschichten lesen können.«

Ich nickte brav und verstaute die Blätter im Akkordeonkasten.

Als ich sie abends herausholte, auf dem Küchentisch ausbreitete und versuchte, die Noten auf den Tasten des Schifferklaviers nachzuspielen, fuhr der Vater dazwischen: »Was soll das denn? Du sollst doch Musik machen und nicht solches Zeug lesen können!«

»Aber der Lehrer hat gesagt, das muss man können, wenn man richtig spielen lernen will«, gab ich trotzig zurück.

Der Vater grummelte etwas, was ich nicht verstand.

In der nächsten Woche, nachdem ich aus Triefenstein zurückgekommen war, fragte er, was für ein Lied ich g'lernt hätt, und ob ich ihm das vorspielen könnt. Als ich verneinte, weil ich noch keine Noten lesen konnte, knüllte er die Notenblätter zusammen und warf sie in den Akkordeonkasten. »Für so was haben wir kein Geld und keine Zeit! Dann ist es eben aus mit den Musikstunden. Ich meld dich wieder ab. Noten lernen!«, schimpfte er und schüttelte verständnislos den Kopf.

Ich war todtraurig und bettelte den Vater um weitere Stunden an, doch er gab nicht nach.

Meiner Mutter schien es gerade recht zu sein, dass dieser Spuk vorbei war. Was dem Vater da eingefallen war! Zudem behagte es ihr gar nicht, wenn eines der Kinder bevorzugt wurde, obwohl auch sie ihre »Herzenspoppele« hatte.

Später brachte ich mir selbst einige Lieder bei, nur nach dem Gehör, denn das Schifferklavier durfte ich behalten. Meine Kinder erinnern sich noch heute daran, dass ich zu besonderen Gelegenheiten wie Weihnachten das Instrument auspackte und versuchte, ein einfaches Lied darauf zu spielen.

Wir Dornbuschkinder hatten einen längeren Schulweg als die Kinder aus dem Ort, doch es gab auch einige, die von viel weiter her kamen. Im Sommer gingen wir alle barfuß, auch in die Schule, denn die Schuhe wurden für den Winter geschont. Erst wenn es gefroren hatte oder Schnee lag, durften wir Schuhe anziehen.

Ich als Drittgeborene bekam die abgelegten, oft schon recht verwaschenen und geflickten Kleider von Luitgard und Olga. Es hat mich immer geärgert, wenn für die nächsten drei – die Amalie, die Therese und die Thekla – neue Kleider angeschafft oder zumindest gut getragene gegen Kartoffeln oder Obst getauscht wurden.

Hosen für Mädchen gab es damals noch nicht, das wäre unschicklich gewesen. So trugen wir auch im strengen Winter Kleider oder Röcke und darunter selbst gestrickte wollene Strümpfe, die fürchterlich kratzten und mit Gummibändern und Knöpfen am Unterlaibchen befestigt waren. Strumpfhosen, so wie heute, gab es damals noch lange nicht. Mantel, Mütze und Handschuhe hatten uns die Großmütter, die Wolz- oder die Dornbuschoma, selbst gestrickt, so waren wir weitaus besser ausgerüstet als so manche anderen Kinder, die sommers wie winters barfuß laufen mussten und kaum warme Kleidung hatten.

Die Schulzimmer in dem alten, renovierungsbedürftigen Schloss waren zugig und schlecht geheizt, oft sogar eiskalt, und sie blieben es auch, wenn nicht die Eltern der Schüler Heizmaterial spendierten. Mit steif gefrorenen Fingern standen wir Kinder um den Kanonenofen in der Schule und litten umso mehr, wenn sich die kalten Hände und Füße endlich erwärmten, denn das tat richtig weh! Das kennt jeder, der schon mal kalt gefrorene Hände und Füße hatte!

Zur Pause bekamen wir von daheim meist nur trockenes Brot mit, und die Lehrerin hielt die Ranken unter fließendes Wasser, damit es aufweichte und nicht gar so hart zu beißen war. Da waren wir noch gut dran, denn die ärmeren Kinder hatten nichts, mit hungrigen Augen schauten sie uns beim Essen zu und waren dankbar, wenn wir ein kleines Stückchen Brot für sie übrig hatten.

Nach der Schule ging es schnurstracks heim, herumzutrödeln oder mit anderen Kindern zu spielen kam nicht infrage. Das einfache Essen, meist Kartoffeln mit gestockter Milch oder im Sommer Gemüse aus dem Gemüsegarten, stand bereits auf dem Tisch, wenn wir nach Hause kamen. Wenn nicht noch Nachmittagsunterricht anstand, ging es sogleich hinaus zur jeweiligen Arbeit, die auf uns wartete, je nach Jahreszeit.

Sonntags mussten alle Kinder des Ortes um zehn Uhr in die Kirche zur Messe – und wehe, es fehlte eines! Anschließend rannten wir schnell heim zum Mittagessen, denn um eins begann bereits die Sonntagsschule, in der überwiegend Religionsunterricht abgehalten wurde. Je nach Jahreszeit hatten wir dann noch auf dem Feld oder dem Weinberg zu helfen. Freizeit zum Spielen kannten wir kaum.

Als ich die Schule schon verlassen hatte, wurde der Sportunterricht eingeführt. »Kraft durch Freude« hieß das Programm der neuen nationalsozialistischen Regierung, denn die deutsche Jugend sollte ertüchtigt werden. Da zogen die Schüler in Zweierreihen, deutsche Volkslieder singend, hinter dem Lehrer Wolz zum Sportplatz, der am Dorfrand errichtet worden war.

»Was rennt ihr denn sinnlos den Bäll' nach? Hackt lieber eine Zeile im Wengert, dann seid ihr auch müd'!«, schimpfte einer der Weinbäuerle, als er die Buben beim Fußballspielen sah.

Mittlerweile wurde auch Turnkleidung verlangt, zu meiner Zeit hatte man die wenigen »Leibesübungen«, Rumpf- und Kniebeugen, im Klassenzimmer neben der Schulbank stehend und züchtig bekleidet absolviert.

Die kleine Thekla kam heim und sagte, die Lehrerin hätte gesagt, alle Kinder bräuchten ein Turnsäckchen mit einer kurzen schwarzen Turnhose und einem Achselschlusshemd. Das war ein Hemd ohne Ärmel, das aussah wie die heutigen Unterhemden.

Die Mutter brauste auf: »Sag der Lehrerin, das kommt ned infrage. Meine Kinder laufen ned so nackig rum!« Die Lehrerin, der die Thekla brühwarm berichtet hatte, was die Mutter dazu meinte, lief sofort zum Lehrerkollegen Wolz.

Da kam der Lehrer Wolz zu uns ins Haus, und die Mutter wurde streng befragt, ob sie sich etwa den Anweisungen des »Führers«, Adolf Hitler, widersetzen wolle.

Die Mutter beschloss dann doch, lieber aus einem alten Unterhemd vom Vater ein Achselschlusshemd und aus schwarzem Stoff eine kurze Hose zu nähen. Wenig später bekam die Thekla ihren Turnanzug.

An ein anderes, besonders trauriges Ereignis aus meiner Kindheit kann ich mich gut erinnern.

Vaters Pferd, der Rapp, stand im Stall in einem eigenen hölzernen Verschlag. Eines Morgens, als der Vater zum Melken in den Stall gegangen war, kam er zurück, leichenblass.

»Was ist, Gregor?« Die Mutter schenkte uns Kindern gerade den Malzkaffee in die Becher. Sie wunderte sich, dass der Vater schon vom Stall zurückgekommen war.

»Der Rapp ist hin!« Der Vater sagte es leise, da wir Kinder es nicht hören sollten, aber wir spitzten die Ohren.

»Was? Was heißt, der ist hin?«, fragte die Mutter misstrauisch.

»Er liegt tot im Stall!«

»Tot!? Der Rapp!?«, schrie die Mutter auf. »Du bist doch erst gestern mit ihm ausg'ritten, wie immer!« Wir Kinder starrten den Vater mit offenen Mündern an.

Der nickte nur. Die Mutter wischte sich die Hände an der Schürze ab, befahl uns, den Kaffee zu trinken, bevor sie mit dem Vater nach draußen hastete.

Im Stall lag der Rapp leblos auf dem Boden, die Beine von sich gestreckt. Tatsächlich, der Rapp war tot!

»Wie hat denn das passieren könn'? War er denn krank, der Rapp?« fragte die Mutter entgeistert.

Der Vater schüttelte den Kopf. »Nein, der ist gestern gegangen wie immer.«

Die Mutter legte tröstend den Arm um den Vater, denn sie wusste, was ihm das Tier bedeutet hatte, und ahnte, wie sehr ihn dessen Tod traf. Er war so stolz auf sein Pferd gewesen, hatte es gehegt und gepflegt!

Erst am Nachmittag, nach der Schule, führte mich der Vater zu dem toten Rapp in den Stall. Ich war traurig und weinte, als ich das Tier dort liegen sah. Ich wusste, wie lieb der Vater sein Pferd gehabt hatte. Der beugte sich zu dem Gaul hinunter, und ich sah, wie ihm die Tränen in die Augen stiegen. Das hatte ich bei ihm noch nie gesehen.

Am Abend dann erzählte uns der Vater vom Rapp und davon, wie der ihn durch den Krieg getragen hatte. Sein treues Ross!

Jetzt erzählte er uns, dass er im Ersten Weltkrieg bei den Ulanen gewesen war, dem Garderegiment mit den prächtigen Uniformen.

»Wir waren recht stolz, wir Ulanen«, meinte der Vater. »Damals wussten wir noch nicht, was ›Krieg‹ bedeutet. Wir dachten, das wäre schnell vorbei, bald wären wir wieder daheim und hätten den Feind besiegt.«

Er schüttelte den Kopf in der traurigen Erinnerung.

»Erzähl doch weiter, Vater«, bettelten wir. Selten kam es vor, dass er sich Zeit nahm, uns Kindern von früher zu berichten.

»Ach«, seufzte er. »Eigentlich ist's nix für euch Kinder.«

Doch dann schilderte er, wie sein Regiment 1916 zum Stellungskrieg gegen die Russen abtransportiert worden war und dort in sumpfigem Gelände gegen den Feind kämpfen musste. Unter vielen anderen Ulanen fiel sein bester Kamerad, und der Vater führte dessen Pferd am Zügel weiter mit.

»Später, es war im September, hat unser Regiment vierhundertachtzig Pferde zur Kartoffelernte ins Deutsche Reich abgeben müssen. Da war es gut, dass ich das Pferd von meinem toten Kameraden hab abgeben können. Nur deshalb hab' ich den Rapp behalten können. Viele meiner Kameraden sind damals erschossen oder verletzt worden; auch mich hat es einmal bös erwischt, als ich vom Pferd gestürzt bin und mich am Rücken verletzt hab. Das war beim Vormarsch in die Ukraine, 1918, wo wir uns gegen die Bolschewiki bis nach Nowomoskowsk durchgekämpft hatten.« Seine Augen glänzten in der Erinnerung an die damalige »Heldenzeit«, als er fortfuhr. »Dort haben wir russische Kavalleriepferde erbeutet, und wir hatten dann, Gott sei Dank, wieder genügend Pferde. Vorher mussten die Kameraden teils zu Fuß, teils mit Fahrrädern in den Kampf ziehen, stellt euch das vor!«

Wir konnten es uns das alles nicht so recht vorstellen, aber wie gebannt starrten wir den Vater an.

»Als dann der Krieg aus war, waren wir alle froh, dass es heimwärts ging, Kinder! Aber wir hatten keine Ahnung, wie beschwerlich der Weg vom Schwarzen Meer durch die Ukraine, Litauen und Polen bis nach Ostpreußen werden tät. Es war ein besonders kalter Winter, alles war steif gefroren. Oft haben wir, wenn es keine Unterkunft gab, im Freien schlafen müssen. Wenn ich da den Rapp nicht gehabt hätt', an dem seinem Bauch ich mich hab wärmen können, wär ich vielleicht erfroren, wie manch einer meiner Kameraden, die zu Fuß heimgehen mussten, weil sie kein Pferd mehr hatten.« Der Vater wurde still, starrte vor sich hin. Auch wir sagten nichts, sondern warteten geduldig, bis er weitersprach.

»Wir hatten nichts mehr zu essen«, begann er wieder.

»Aber haben euch die Leute dort nichts gegeben?«, fragte ich.

»Ach, Agnes!« Der Vater streichelte mir über den Kopf. »Die hatten doch selber nichts mehr, die haben auch gehungert, denen konnte man nichts wegnehmen.«

Wie schrecklich es damals wirklich gewesen war – von all den halb Verhungerten und deren klapperdürren Kindern wollte er nichts erzählen.

»Aber wie ist es dann weitergegangen?«, fragte Luitgard weiter.

»Wir haben noch viel kämpfen müssen, da hat es noch viele Tote gegeben«, murmelte der Vater vor sich hin.

Die Mutter, die neben ihm saß, stieß ihn warnend in die Seite. »Das ist zu viel für die Kinder, Gregor«, flüsterte sie, und der Vater nickte.

»Aber wie bist dann heimgekommen, Vater?«, fragte Olga schluchzend vor Ergriffenheit und Mitleid.

»Wir sind dann ganz zum Schluss mit dem Zug gefahren.« Wir Kinder atmeten erleichtert auf. »Ja, so sind wir dann in Bamberg eingelaufen. Da haben uns die Leute auf der Straße zugejubelt. Wir waren nicht mehr viele, die meisten von uns waren gefallen. Aber den Leuten schien das egal zu sein, die wussten nicht, was wir mitgemacht hatten im Krieg.« Er schenkte sich einen Becher Most ein, der in einem Krug vor ihm auf dem Tisch stand. »Ich hab zum Glück meinen treuen Rapp behalten können.« Er seufzte schwer. »Und jetzt ist er tot.«

Die Mutter strich ihm tröstend über den Rücken. Das hatten wir noch nie gesehen – dass die Eltern Zärtlichkeiten austauschten, war nicht üblich, zumindest wir Kinder haben es nie gesehen.

»Jetzt geht's ab ins Bett, Kinder!«, meinte die Mutter streng. »Hoffentlich träumen's heut Nacht nicht von all dem Zeugs, das du ihnen erzählt hast, Gregor!« Sie sah den Vater missbilligend an, doch der schien sie nicht zu hören, wie versteinert starrte er in seinen Krug.

Als wir im Bett lagen, immer zu zweit in einem, wisperten wir leise noch über all das, was wir gehört hatten. Armer Vater! Und armer Rapp!

Am nächsten Morgen lief ich hinüber zum Stall. Der Vater kniete vor dem toten Pferd, hatte es mit einer Decke zugedeckt.

»Willst ihn wirklich noch mal seh'n, Agnes?«, fragte er. Ich nickte, und er zog die Decke weg. Der Rapp sah aus, als ob er schlief.

»Was wird jetzt mit ihm gemacht?«, fragte ich. »Wird aus ihm Wurst gemacht, so wie aus der Sau?«, fragte ich kindlich naiv.

Der Vater schüttelte den Kopf, lächelte aber ein bisschen über meine Frage. »Nein! Ich werd ihn begraben, ganz hinten, hinter der Obstwiese.«

»Da braucht es aber ein großes Loch!«

»Ja, ein sehr großes und ein recht tiefes Loch. Aber das grab ich gern für den Rapp.«

Ich seufzte tief. »Ich glaub, das ist das Beste für den Rapp, Vater.«

»Ja, das glaub ich auch, Agnes.«

Verstohlen schob ich meine kleine Hand in die des Vaters. Der sah auf mich herab. Wieder einmal spürte ich, dass ich ihm die liebste seiner Töchter war, und das machte mich stolz.

Es verbreitete sich schnell im Dorf, dass das schöne Pferd des Dornbusch-Gregor tot war, und am Nachmittag kam der Metzger herauf. Schnell lief ich hinüber zum Stall, als ich ihn kommen sah.

»Was machst denn mit dem Rapp, Gregor?«

»Ich begrab ihn, hinterm Obstgarten.«

Der Metzger strich sich über seinen kahlen Schädel. »Willst ihn ned mir geben? Pferdefleisch und Pferdewurst schmecken und verkaufen sich gut. Ich könnt ihn zu einem Pferdemetzger bringen. Für den Abdecker wär er doch zu schad'.«

Mein Vater schüttelte den Kopf. »Nein, nicht den Rapp! Der bleibt hier!«

»Aber …«

»Nix aber! Es bleibt dabei!« Fast wurde der Vater böse.

»Wenn'sd es dir's leisten kannst …« Der Metzger zuckte die Schultern.

»Ob ich's mir leisten kann, geht dich nix an. Wenn's wieder was zum Schlachten gibt, geb' ich dir Bescheid.«

»Der Metzger, der ist ein ganz Böser!«, sagte ich aufgebracht, als der Mann weg war.

»Ach was, Agnes, der schaut halt auch, dass er zu was kommt und Arbeit hat. Aber den Rapp, den kriegt er nicht!«

Am Nachmittag ging der Vater zum hinteren Obstgarten und fing an, das Grab für den Rapp auszuheben. Später half ihm ein Freund aus dem Dorf, das tote Pferd hinüberzuschleifen und die Grube zuzuschaufeln, dabei durften wir Kinder nicht zuschauen. Erst als der Vater Steine auf die Stelle gelegt hatte, damit man nicht später oder gar aus Versehen dort aufgraben würde, um vielleicht einen Baum zu pflanzen, holte er uns Kinder dazu.

Das war das traurige Ende vom Rapp.

Tage, nachdem das Pferd begraben war, fragte die Mutter den Vater, dem sie ansah, wie sehr ihn der Tod seines Pferdes getroffen hatte: »Gregor, willst dir nicht wieder ein Pferd zulegen?«

»Ja, Vater! Kauf dir doch ein neues Ross!«, bettelten wir Kleinen.

Doch der schüttelte den Kopf. »Nein! So eines wie den Rapp gibt es nicht mehr. Außerdem ist so ein Reitpferd viel zu teuer und bringt nichts für den Hof ein. Es frisst nur, und man braucht Zeit zum Reiten. Eine Kuh gibt Milch, kriegt Kälber und kann irgendwann geschlachtet werden.«

Meine Mutter nickte zustimmend. »Eigentlich können wir uns so ein Pferd nicht leisten, da hast recht, Gregor. S'ist halt doch richtig so, wie es 'kommen ist.« Damit war das Thema erledigt, und von da an gab es kein Pferd mehr auf unserem Dornbusch-Hof.

Später ging ich so manches Mal an das Grab vom Rapp und stellte mir vor, wie er dort unter der Erde lag. Ein bisschen gruselte es mich dann schon, nachts träumte ich hin und wieder von dem toten Pferd und davon, wie es aus dem Grab stieg und davongaloppierte.

Dann schlich ich leise aus dem Bett, tappte hinüber ins Schlafzimmer der Eltern, wo meist ein Bettchen mit einem kleinen »Poppele« stand, und schlüpfte zum Vater unter die Decke.

Wenn die Mutter mich bemerkte, murmelte sie oft schläfrig bei sich: »Die Agnes ist halt dem Gregor sein Bua!«

Einige Jahre später durfte ich endlich, wie vorher schon die Luitgard und die Olga, mit Erlaubnis des Herrn Pfarrer mithelfen, die Burkardusgrotte sauber zu halten. Darum hatte ich meine älteren Schwestern immer beneidet.

Die Burkardusgrotte, eine Tropfsteinhöhle, die sich hinter und unterhalb des Schlossberges befindet und über steile Stufen erreichbar ist, gilt als historische Besonderheit in unserem Ort. Jährlich am 12. Oktober wird das Burkardusfest, das Kirchenpatrozinium, gefeiert. Der markante Tuffsteinfelsen, der das Schloss trägt, birgt ein ganzes System unterschiedlich großer Höhlen, die heute nahezu alle zugemauert sind.

Im Heimatkundeunterricht hatten wir einst gelernt, was es mit der Grotte auf sich hatte: Der Sage nach war der heilige Burkardus, der erste Bischof von Würzburg, auf einer Reise von Wegelagerern überfallen und verfolgt worden. Es gelang ihm, im Schutze der Nacht bis nach Homburg zu flüchten, und er versteckte sich in der Grotte im Berg. Die Verfolger entdeckten zwar den schmalen Eingang zur Höhle, doch auf wundersame Weise hatte eine Spinne ihr Netz über dem Eingang gewoben, sodass sie glaubten, niemand sei in den letzten Tagen in die Höhle gelangt.

Eine andere Legende berichtet, der heilige Burkardus sei in dieser Höhle gestorben, jedenfalls verkündet das eine Tafel in der Grotte, auf der auch mit dem 2. Februar 754 sein Todestag angegeben ist. Vielleicht, so stellte ich mir in meiner kindlichen Fantasie vor, war er im Alter zum Sterben zurückgekommen, weil ihn die Grotte einmal gerettet hatte?

Früher war der Ort eine Wallfahrtsstätte, und das Wasser, das von oben, von den Stalaktiten in die Höhle tropfte und in einem Becken gesammelt wurde, galt als wundersames Heilmittel. Im Gegensatz zu früher schaut die Grotte heute fast kahl aus, die meisten Tropfsteine sind abgebrochen, nur ein einfacher Altartisch, Bänke und eine Figur des hl. Burkard sowie die erwähnte Tafel sind noch vorhanden.

Zum Fest des heiligen Burkard wird jährlich die Grotte geschmückt, und die Homburger ziehen in einer Prozession von der Pfarrkirche zur Burkardusgruft. Das ist ein schönes, alljährliches Ereignis.

Für mich war der Dienst in der Grotte eine besondere Ehre und Freude. Zusammen mit den anderen Mädchen sorgte ich dafür, dass immer frische Blumen dort standen und die steile Treppe, die zur Grotte hinunterführte, sauber gekehrt war.

Feste und Bräuche mochte ich als Kind besonders gern, wir hatten ja nicht annähernd so viel Abwechslung wie die Buben und Mädchen von heute. Ein besonderer Brauch meiner Kindheit war das »Hammelraustanzen« der Jugend Homburgs. Ich durfte nicht teilnehmen, dazu war ich zu klein, aber ich freute mich darauf später, wenn ich im richtigen Alter wäre, dabei zu sein.

Am Kirchweihnachmittag versammelten sich die jungen Burschen und Mädla. Sie schmückten einen fetten Hammel mit Fähnchen und Bändern, bevor sie mit dem Tier durchs Dorf zogen. Der Metzger führte den Hammel voraus, die Jugend und die Tanzmusikkapelle gingen hinterher, bis zur damaligen Ochsenwiese außerhalb des Ortes.

Zu meiner Zeit tanzten die Paare, die sich vorher zusammengetan hatten, im Kreis. Eines hielt einen Blumenstrauß und durfte diesen für eine Runde behalten, dann wurde er an das nächste Paar weitergegeben. Ein Schütze stand abseits, ohne die Tanzenden zu sehen. Irgendwann, aber nicht zu früh, sodass alle Paare mindestens einmal drangewesen waren, gab er einen Schuss ab, und das Mädchen und der Bursche, welche gerade den Strauß hielten, mussten den Hammel und Wein und Bier für die ganze Gesellschaft bezahlen. Da gab es viel Geschrei, Gelächter und Beifall, wenn das Paar neben dem Metzger und dem Hammel ins Festzelt zog.

Natürlich wurde vorher darüber gerätselt und gemunkelt, welches Paar wohl zusammen antreten würde, und man konnte sich schon denken, wo und wann die nächste Hochzeit stattfinden würde.

Mit wem ich wohl einmal den Hammel raustanzen würde? Noch konnte ich mir keinen meiner Schulkameraden vorstellen, die Buben fand ich alle blöd. Den Leonhard Schäfer, der mir manchmal meinen Schulranzen heimtrug, fand ich nett, aber er war eine Klasse unter mir, also auf jeden Fall zu jung!

Die Frage, mit wem ich den Hammel raustanzen könnte, erübrigte sich, denn als ich alt genug gewesen wäre, um beim Hammelraustanzen teilzunehmen, begann der Krieg, und es war zu Ende mit dem alten Brauch. Da hatten die Menschen andere Sorgen, anderes zu tun als zu tanzen.

Nach sieben Schuljahren nahte auch für mich das Ende der Schulzeit. Zum Schulabschluss plante die Klasse, Buben und Mädchen, einen Ausflug auf den Kallmuth, den großen Weinberg Homburgs.

Als ich das voller Vorfreude daheim erzählte, gab es gleich Widerspruch. »Jetzt, mitten in der Feldarbeit? Wie stellst dir das vor? Wir brauchen dich für die Arbeit, da kannst ned mit!«

Mir stiegen die Tränen in die Augen, so enttäuscht war ich. »Aber alle dürfen mit!«, meinte ich trotzig.

»Du auf jeden Fall ned. Ziehst gleich dein Schulg'wand aus und kommst mit aufs Feld«, bestimmte der Vater.

Selbst Leonhard Schäfer, der Schulkamerad, der mich manchmal heimbegleitete und meinen Schulranzen trug, konnte meine Eltern nicht umstimmen.

»Das geht dich nix an! Die Agnes bleibt da!«, herrschte meine Mutter den schüchternen Buben an, der all seinen Mut zusammengenommen hatte, um für mich ein gutes Wort einzulegen. Schweren Herzens musste ich auf den Abschiedsschulausflug verzichten.

»Ärger dich ned«, flüsterte mir der Leonhard, den ich »Lennard« nannte, zu. »Wenns'd willst, gehen wir zwei einmal rauf auf den Kallmuth, wenn die Erntearbeit vorbei ist.«

»Die Arbeit ist nie vorbei«, jammerte ich. »Irgendwas findet die Mutter immer, was ich noch tun muss.«

»Dann komm ich mal im Wengert vorbei«, beharrte Leonhard, »und helf' dir bei der Arbeit. Dann wirst schneller fertig.« Er sah mich aufmunternd von der Seite an.

Ich nickte, wenn auch bedrückt.

Nachdem die Schulzeit beendet war, fragte ich mich, was wohl aus mir werden würde. Was für einen Beruf sollte ich erlernen?

Luitgard und Olga waren beide gleich nach der Schulzeit in Stellung gegangen, sie verdienten in Würzburger Haushalten ihr eigenes Geld.

Es war früher allgemein üblich, dass die Kinder, vor allem die Töchter, nach der Schulzeit das Elternhaus verließen, um sich ihren Lebensunterhalt selbst zu sichern. Zwar mussten sie einen Teil dieses nicht sehr üppigen Verdienstes daheim abgeben, doch ich beneidete meine Schwestern glühend um ihre Freiheit, darum, was sie stolz von ihren »Herrschaften« erzählten – vor allem jedoch um die neuen Kleider, die sie bei den Besuchen daheim anhatten.

Ich sehnte das Ende der Schulzeit herbei, auch ich wollte von daheim weg und »in Stellung«, dann müsste ich vielleicht nicht so schwer arbeiten wie die Eltern daheim und könnte mir auch schöne Kleider kaufen, hoffte ich.

Inzwischen, es war 1937, hatte sich einiges in Deutschland verändert, denn Hitler und die Nationalsozialisten waren an die Macht gekommen. Viele, nicht nur in Homburg, setzten ihre ganze Hoffnung auf ihn, der versprach, die Schmach des verlorenen Ersten Weltkrieges wiedergutzumachen und Deutschland zu neuer Größe zu verhelfen. Eine neue, nationalsozialistische Bewegung war entstanden und für die Jugendlichen der Reichsarbeitsdienst eingeführt worden, den man vorerst noch freiwillig leisten konnte. Ich wäre damals gern dazu bereit gewesen. Es wurde verkündet, dass der Arbeitsdienst für Mädchen auf »frauenspezifische« Arbeitsbereiche beschränkt sei, um der »Vermännlichung« der jungen Frauen entgegenzuwirken. Auch bei uns, den Dornbuschs, fragte einer, der in der »Partei« war, ob denn nicht die Agnes …

Doch da geriet er bei der Mutter an die Richtige: Sie machte dem Ansinnen gleich einen Strich durch die Rechnung. »Zwei meiner Töchter sind fort, in Stellung. Wir brauchen die Agnes dringend daheim zur Arbeit, in der Landwirtschaft!«

Auch der Vater meinte: »Agnes, willst du wirklich weg von da? Du hast's doch gut daheim, und wir brauchen dich! Schau die Mutter an, wie die arbeit' muss. Die schafft des ned allein, und die anderen, die Therese, die Amalie und die Thekla sind noch viel zu klaa'.«

Tränen der Enttäuschung stiegen mir in die Augen. Ich sah meinen Vater mit seinem krummen Rücken über den Hof gehen, weit vornübergebeugt. Man wusste nicht, ob das von der schweren Arbeit oder seiner Kriegsverletzung kam – oder ob es gar eine Knochenerkrankung war.

Und erst die Mutter! Wie abgearbeitet sie war, dabei war sie noch gar nicht so alt! Sie plagte sich von früh bis spät und sank nachts todmüde ins Bett, bis sie am frühen Morgen wieder aufstand und als Erste hinüber in den Stall schlurfte.

Nein, ich konnte die Eltern nicht im Stich lassen, das hätte ich nicht übers Herz gebracht. Doch abends im Bett weinte ich um meine verlorenen Träume.

Eine harte Jugend

Wenn ich schon bisher, als Kind, hatte helfen müssen, so war ich ab jetzt die unbezahlte Magd auf dem Hof. Überall, bei Handgriffen im Haus, im Garten oder Stall, auf den Feldern und Wiesen, im Wald oder im Weinberg wurde meine Hilfe benötigt. Ich war dem Vater sein »Bua«, und dem konnte man alles zumuten.

Wenn ich bedenk, wie leicht man es heute hat mit all den Maschinen und Hilfsmitteln! Daran war seinerzeit nicht zu denken. Meine Mutter ging lieber mit ihrem Mann hinaus aufs Feld, als im Haushalt zu arbeiten. Böse Zungen im Dorf lästerten: »Die Dora, die lässt den Gregor ned aus den Augen! Die ist so was von eifersüchtig!«

Ob die Mutter meinen Vater wirklich auf dem Feld mit Argusaugen bewachte, weiß ich nicht, jedenfalls musste ich mich von Anfang an um den Haushalt und um die kleineren Geschwister kümmern: die Amalie, die Therese und die kleine Thekla.

Nicht alle Häuser hatten zu der Zeit bereits einen Stromanschluss, wir schon – ein Generator diente als Antrieb. Das war tagsüber eine große Hilfe, am Abend konnte man bei elektrischem Licht handarbeiten, auch wenn gespart werden musste und die Mutter zu gegebener Zeit das Licht ausmachte. »Ab ins Bett jetzt, und ned das teure Licht verbrennen! Morgen früh ist d' Nacht rum!«, hieß es da streng.

Unser Arbeitstag begann mit Sonnenaufgang, oft schon eher. Noch vor dem Frühstück ging die Mutter in den Stall zum Melken, ich richtete inzwischen das Frühstück, da die kleineren Geschwister in die Schule mussten. Meist gab es Malzkaffee und Brot, dazu im Butterfass gerührte Butter und Marmelade.

Unser Brot backten wir selbst. Der Sauerteig wurde mit einem eingeweichten Rest des vorigen Brotes versetzt, damit der Gärprozess einsetzte.

Wir kneteten die Teigmasse in einem großen Holztrog und backten die Laibe draußen im Backhaus, das der Vater aus Steinen errichtet hatte. Das Kneten des schweren Teiges ging ganz schön in Arme und Rücken, aber es war doch eine schöne Arbeit, da man sich auf das neue, frische Brot freute.

Wenn ein neuer Laib angeschnitten wurde, hat die Mutter mit dem Messer ein Kreuzzeichen auf die Rückseite des Brotes geritzt und ein Dankgebet für das Brot gesprochen. Das Anschneiden eines neuen Weckens war wie eine heilige Handlung, denn Brot wurde stets geschätzt, und nie wäre ein Ranken weggeworfen worden. Dann hat sie es, an die Brust haltend, mit dem großen Brotmesser aufgeschnitten, und jeder von uns wartete auf seine Scheibe.

Das frische Brot schmeckte besonders gut, aber »ausgegeben« hat so ein Laib nicht. Deshalb hat man früh genug gebacken, damit man die frischen Laibe alt werden lassen konnte, denn altbackenes Brot gibt besser aus, und man musste nicht so oft backen.

Bei uns blieb der Brotkasten nie verschlossen wie bei anderen Leuten. Auf dem Herd stand immer ein großer Topf mit Malzkaffee, das hielt meine Mutter bis zu ihrem Tode so. Meine Kinder erinnern sich noch heute dran, dass es bei der Oma immer »Muckefuck« gab, so nannte man den Malzkaffee im Gegensatz zu echtem Bohnenkaffee, den man sich nicht leisten konnte.

In schlimmer Erinnerung sind mir die Waschtage geblieben, die besonders anstrengend waren und als reine Frauensache galten. Auch die Kinder mussten mithelfen, sobald sie konnten. Damals wechselte man die Wäsche bei Weitem nicht so oft wie heute, ein Hemd und eine Garnitur Unterwäsche reichten für die Woche oder länger. Die Betten wurden ebenfalls nur zu besonderen Feiertagen neu bezogen, oder wenn jemand krank gewesen war. Dazu kamen gelegentlich schmutzige Stall- und die Arbeitskleidung.

Am Vorabend wurde die Wäsche in Sodalösung eingeweicht. Der eigentliche Waschtag begann am nächsten Tag in aller Früh mit dem Säubern des Waschkessels, der auch sonst zu allerlei Arbeiten verwendet wurde, beispielsweise als Brühkessel für die Würste beim Schlachten.

Die besseren Stücke legte man zuerst ein, wenn die Lauge noch sauber war, erst zum Schluss kam die Stall- und Arbeitskleidung dran. Die Wäsche wurde auf dem Herd gekocht und mit einem Stampfer bearbeitet. Gröbere Verschmutzungen wurden draußen auf dem Waschbrett mit Kernseife geschrubbt. Dreimal wurde die Wäsche am Brunnen gespült, bevor wir alle gewaschenen Sachen von Hand auswrangen. Das war Schwerstarbeit.

Das Spülwasser der letzten Waschgänge mussten die Kinder in »Emmerle«, in Eimern, hinaus in den Gemüsegarten tragen und über die Pflanzen kippen. Das war gut gegen Ungeziefer wie Blattläuse und anderes Kriechzeug. Oft schafften es die Kleineren nicht bis ganz nach draußen und verschütteten das Wasser schon vorher. Da wurde gleich wieder geschimpft, oder es gab einen »Schnelzer«.

Zum Schluss wurde die Wäsche ausgeschüttelt und getrocknet, im Sommer draußen, im Winter in der Scheune aufgehängt und später am Ofen in der Küche nachgetrocknet. Besonders gute Stücke oder die Sonntagshemden wurden gestärkt.

Gebügelt wurde, wenn Zeit dazu war, mit einem Kohlebügeleisen, das auf dem Herd stand und mit glühenden Holzkohlestückchen gefüllt war. Diese Bügeleisen waren sehr schwer, und man musste aufpassen, dass man sich nicht daran verbrannte und keine Glutstückchen auf die Wäsche fielen, die dann ein Loch hineinbrannten. Das wäre einer mittelschweren Katastrophe gleichgekommen, denn so viele Wäschestücke hatte man nicht.

Samstags stand der obligatorische Hausputz auf der Tagesordnung, denn unter der Woche kam man allerhöchstens dazu, hier und da zu kehren. Als meine Geschwister größer waren, spannte ich sie mit ein, wenn unsere Mutter draußen auf dem Feld war. Dann hatte ich das Sagen! Wie ein Feldwebel kommandierte ich die Jüngeren herum, was sie mir noch heute, im hohen Alter, vorwerfen.

»Was ich sag, wird g'macht!« Die drei standen vor mir, während ich, die Hände in die Hüften gestemmt, sie anherrschte: »Du, Thekla, kehrst die Zimmer oben. Amalie, du wischst die Sandsteintreppe, und die Therese schrubbt den Holzboden in der Küche, aber ordentlich!«

Letzteres war eine besonders ungeliebte Arbeit, denn an dem rauen, faserigen Dielenboden zog man sich, da man auf den Knien schrubbte, des Öfteren einen Schiefer unter die Haut. Zweimal im Jahr ölten wir den Boden zusätzlich ein. Zum Schluss des anstrengenden Putztages mussten die Fenster geputzt, die Gasse und der Hof gekehrt werden. Alles musste blitzblank sein, wenn die Mutter vom Feld heimkam.

Ich muss heute zugeben, dass ich meine Schwestern gern herumgescheucht habe, weil ich damals fand, dass sie richtige »Strenzer« waren, die als Kinder nie so hart arbeiten mussten wie ich. Sie hatten es in ihrer Kindheit leichter, viel mehr Freiheiten als ich in ihrem Alter, und die Mutter war nachsichtiger mit ihnen, besonders mit Thekla. Hinterließ die Mutter mir noch Arbeitsanweisungen auf Notizzetteln, durften die Kleinen sich als junge Mädchen viel mehr erlauben und ließen sich nicht alles gefallen – im Gegensatz zu mir, die kaum einmal widersprochen hatte.

Damals hab ich oft voll Bitterkeit gedacht: »Wir sind sechs Leut' daheim, die Mutter und der Vater, die Amalie und ich als die Mägde und dazu zwei ›Strenzer‹, die Therese und die Thekla.«

Der Hof gab uns alles, was wir zum Leben brauchten, und darauf waren wir stolz. Zu essen hatten wir immer genug, auch in der schlechten Zeit nach dem Krieg. Täglich gab es Kartoffeln und Brot, dazu Gemüse aus dem Gemüsegarten. Auch Fleisch gab es zwei- bis dreimal in der Woche, auf jeden Fall sonntags. Dann gab es meist auch einen Blaatz, das ist ein Blechkuchen aus Hefeteig, der mal mit Streuseln, mal mit »Maddert« – Quark – ausgebacken wurde.

Wichtiges Nahrungsmittel, vor allem im Winter, war das Sauerkraut. Auch das wurde selbst hergestellt. Dazu kam ein Mann vom Dorf mit einem riesigen Krauthobel und schnitt die Weißkohlköpfe von unserem eigenen Feld. Das Schnittgut wurde lagenweise mit Salz in große, irdene Bottiche geschichtet und ein Brett daraufgelegt. Mit einem schweren Stößel musste man klopfen, bis der Saft aus dem Kraut rann. Manche, so habe ich es gehört, stampften das Kraut sogar mit den Füßen, aber wir haben das nicht gemacht. Es dauerte geraume Zeit, bis es vergoren war und gegessen werden konnte. Zum Ende hin schmeckte es oft so sauer, dass man es vor dem Kochen wässern musste.

Zu unserem Hof gehörte ein großer Obstgarten mit Kirschen-, Apfel-, Birnen- und Zwetschgenbäumen. Das Obst wurde eingeweckt oder Marmelade daraus gekocht. Äpfel- und Birnenscheiben reihten wir auf Bindfäden und hängten alles zum Dörren auf. Hinzu kam das Mosten der Äpfel, denn Most war neben Wasser unser Hausgetränk. Auch wir Kinder bekamen bei speziellen Anlässen mit etwas Zucker verdünnten Most – für uns etwas ganz Besonderes.

Alles Essbare, was die Hofbewirtschaftung abwarf und was wir nicht selbst verbrauchten, wurde verkauft oder eingetauscht; wir bezahlten Kleidung oder Werkzeuge vom Verkauf der Kartoffeln, des Getreides und der Trauben unserer Weinstöcke. Allzu viele neue Sachen zum Anziehen gab es ohnehin nicht, schließlich wurden Kleidung und Schuhe der Älteren den Kleineren »vererbt«. Nur die Jüngsten bekamen des Öfteren neue Sachen, wenn die alten schon zu sehr geflickt und ausgebessert waren. Mich ärgerte das oft.

Je älter ich wurde, desto schwerer fielen mir die Arbeiten, die man mir auftrug. Da blieb es nicht nur bei der Hausarbeit.

Zum Hof gehörten meist sechs bis sieben Kühe, die gemolken werden mussten, der Stall musste ausgemistet werden. Den Dung karrte man auf den großen Misthaufen hinter dem Haus, bevor man ihn später als Düngung auf die Felder ausbrachte.

Wenn ein Kalb kam und es war ein kleiner Stier, wurde es vom Tierarzt kastriert, die Ochsen wurden bis zur Schlachtreife aufgezogen und anschließend verkauft. Mit den männlichen Ferkeln verfuhr man ebenso. Der Hühner- und der Ziegenstall waren sauber zu halten, auch die Scheune, die Tenne und alle Vorratsräume für Kartoffeln und Rüben. Die Arbeit auf einem Hof geht nie aus.

Einmal, so erinnere ich mich, hatte sich im Stall eine Kuh losgerissen, die »gemuhrt« hat, also stierig war. Sie wollte unbedingt zu einem der Ochsen im Stall. Sie hatte sich losgerissen und rannte wild umher.

Thekla, damals vielleicht zehn Jahre alt, war allein daheim und erschrak sehr, als sie die entlaufene Kuh entdeckte. Sie wusste, die Kuh musste unbedingt wieder angebunden werden. Aber wie?

Da lief sie hinaus in den Gemüsegarten, schnitt den schönsten Kopfsalat ab, lief wieder zurück in den Stall und hielt ihn der Kuh hin. Das Herz klopfte ihr bis zum Hals. Welch Wunder – die Kuh begann zu fressen! So lotste Thekla das entlaufene Tier mit dem Salatkopf zurück zum angestammten Platz und kettete sie wieder an.

Am Abend wollte die Mutter den Salat aus dem Garten holen. »Wer hat den Salat abgeschnitten?«, rief sie erbost. »Das war bestimmt die Weberin!« Die Weberin war eine Frau aus der Nachbarschaft, die so etwas gewiss nie getan hätte.

Da beichtete die Thekla die Geschichte mit der Kuh. Wir warteten auf einen Wutanfall der Mutter, aber die war heilfroh, dass ihrem kleinen

Mädla nichts passiert war, denn eine stierige Kuh kann sehr gefährlich sein.

Ein bis zwei Mal im Jahr war Schlachttag. Die Schweine wurden im Schweinekoben draußen im Stall mit den alltäglichen Abfällen gefüttert. Aufbaumittel für schnelleres Wachstum, so wie heute, gab es damals noch nicht, die Viecher wurden auf natürlichem Wege fett und rund.

Wenn der Metzger aus dem Dorf heraufgekommen war, wurde die arme Sau zum Schlachten herausgeführt. Sie war meist so fett, dass sie sich kaum mehr auf den Beinen halten konnte, und erst, wenn zum Schluss fünf Häfen mit ausgelassenem Schweinefett dastanden, war meine Mutter zufrieden: »Die letzte Sau, die hat nur drei Häfen Schmalz gebracht, da war die schon besser, Agnes«, meinte sie einmal stolz.

Früher hielt man uns Kinder beim Töten des Schweines weg, zu grausam wäre es für uns gewesen, wenn das Tier voller Angst quiekte und grunzte und zu entkommen versuchte, wenn es merkte, was geschehen sollte. Doch wenn die Sau tot, in zwei Hälften geteilt, an den Haken hing, durften auch wir Kinder dazukommen.

»Mei, die arme Sau!«, meinte Luitgard, als sie das Tier am Haken baumeln sah.

»Kannst gleich helfen und das Blut rühren«, herrschte die Mutter sie an. Das Schweineblut musste ständig gerührt werden, damit es nicht vorzeitig stockte, denn man brauchte es zum Wursten.

Schnell rannte Luitgard davon, und die Olga nix wie hinterher. Nur ich war nicht schnell genug, so packte mich die Mutter, drückte mir einen großen Holzlöffel in die Hand und setzte mich auf einen Holzblock vor den Hafen mit dem Schweineblut.

»Immer fest rühren, Agnes! Schau, so!« Die Mutter rührte kräftig in der dicken roten Brühe.

Da blieb mir nichts anderes übrig als zu rühren helfen, so gut es eben ging, auch wenn es mich noch so grauste. So kam es, dass das Blutrühren am Schlachttag für immer meine Aufgabe blieb.

Nach einem Schlachttag war es üblich, auch die Nachbarn teilhaben zu lassen. Entweder kamen die Frauen selbst, um sich etwas »Gretelsuppe« – Wurstsuppe – abzuholen, oder man schickte uns Kinder mit einer gefüllten Kanne zu ihnen.

Die Mutter achtete darauf, dass nicht zu wenige Fettaugen auf der Suppe schwammen, denn es wäre blamabel gewesen, wenn mehr »Aache« 'neials 'nausgeguckt hätten. Über den Winter gab es überwiegend fettes Bauchfleisch mit Sauerkraut, dazu Kartoffeln.

Mit fünfzehn oder sechzehn Jahren löste ich die Mutter bei der Arbeit mit dem Vater auf dem Feld ab. Die Arbeit draußen begann meist im März, wenn die Frühlingssonne die Felder abgetrocknet hatte.

Der Vater fuhr mit dem Kühgespann aufs Feld und richtete das Saatbett für das Getreide her, bevor ausgesät wurde. Ich seh ihn noch heute vor mir, wie er, das Sätuch umgebunden, mit breiten Schwüngen die Körner ausbrachte. Wir bauten Hafer, Weizen, Gerste und Roggen an.

Als ich ungefähr zehn war, spannte Vater eine der Kühe aus, drückte mir einen Stock in die Hand und sagte: »Bring die Kuh heim, Agnes, ich brauch heut nur eine.«

Ratlos sah ich mich um, wir waren weit weg von daheim, auf einem der hinteren Felder, und verschiedene Wege führten zum Hof.

»Wo soll ich denn hin mit der Kuh?«, fragte ich ängstlich.

»Geh ihr einfach nach, die bringt dich schon heim.«

So war es auch. Brav trottete ich hinter der Kuh her bis zu ihrem Stall.

Mitte April begannen wir, Kartoffeln zu setzen. Während der Vater mit dem Gespann die Furchen zog, banden sich die Mutter und wir Kinder Legeschürzen um, die mit Setzkartoffeln gefüllt waren, verteilten diese sorgfältig in die Furchen und traten sie fest.

Später kam der Anbau der Runkelrüben dran. Mist vom Hof wurde auf den Wagen geschaufelt, die noch dampfende Fuhre aufs Feld gebracht und gleichmäßig verteilt. Das alles war harte Arbeit, aber mit einem Butterbrot und ein paar Äpfeln in der Tasche konnte man es schon aushalten.

Zur Heuzeit mähte Vater alles noch mit der Sense, erst nach Jahren gab es von Ochsen gezogene Mähmaschinen. Das Heu wurde getrocknet, gewendet und, wenn man Glück mit dem Wetter hatte, in die Scheune eingefahren, wo es als Futter für die Kühe diente. So ging es mit der Arbeit bis zur Ernte im Herbst, und mit Glück und gutem Wetter gab es einen reichen Ertrag. Besonders gut kann ich mich an das Getreidedreschen im Herbst erinnern, stets ein besonderes Ereignis. Der Bruder meines Vaters, Schorsch, besaß eine Dreschmaschine, mit der er von Hof zu Hof fuhr. Was für eine ungeheure Erleichterung gegenüber dem Dreschen mit Dreschflegeln, wie es früher üblich gewesen war! Damals standen die Männer im Kreis, und in genauem Rhythmus wurden die Dreschflegel auf das Getreide geschlagen, um die Körner aus den Ähren zu lösen. Wehe, wenn einer aus dem Takt kam, dann musste aufs Neue begonnen werden, und gefährlich war das Ganze noch dazu.

Zu meiner Zeit wurden die Linsen noch von Hand gedroschen, und wenn man nicht im Rhythmus blieb, schrien alle Beteiligten durcheinander, und es musste von vorn begonnen werden.

Mittlerweile erledigte die Dreschmaschine von Onkel Schorsch die schwere Drescharbeit, trotzdem war es ein Heidenaufwand, das Getreide herzuschaffen und die Körner wegzufegen, die wir für den Weg in die Mühle in Säcke füllten.

Es staubte fürchterlich, sodass man am Abend Dreschfieber bekam und völlig heiser war. Doch die Mutter meinte nur ungerührt, das sei Dreschfieber, das ginge von selbst wieder weg. Da wurde nicht viel Federlesens gemacht, auch wenn man sich schlecht fühlte.

Das Schönste an einem solchen Tag waren die »Dreschbröter«, die alle Helfer, aber auch wir Kinder nach getaner Arbeit bekamen: große, dick mit Wurst belegte Stullen. Dazu gab es Most.

Der Onkel Schorsch rechnete die Dreschzeit nach Stunden ab. Meine Mutter jammerte und schimpfte hinterher meist, denn mit der Zeit nahm er es nicht so genau. »Jetzt hat er die halbe Stund von der Brotzeit auch noch mitgerechned, der Kerl!«, empörte sie sich bei meinem Vater.

»Lass, Dora, 's ist mein Bruder, da kann man nix sagen.«

»Und der Emil, der hat auch wieder nur rumg'jammert, bis er endlich einen Schnaps kriegt hat«, schimpfte sie.

Der Emil war der Sohn vom Onkel Schorsch und einer der Helfer, denn beim Dreschen ging es reihum, ein jeder half beim anderen mit. Wir Kinder hatten Glück, wir mussten nur beim Dreschen auf dem eigenen Hof dabei sein. Mein Vater musste auch zu den anderen Bauern gehen, die ihm geholfen hatten. Das war Ehrensache. Oft kam er spätabends völlig erschöpft heim.

Die ärmeren Bauern mussten drunten am Ufer des Mains auf der Mainwiese dreschen lassen, dort gab es einen öffentlichen Dreschplatz. Wir Kinder liefen oft hinunter zum Main, denn auch da gab es Dreschbröter, und wenn wir Glück hatten, bekamen wir etwas ab.

Die Kartoffelernte erbrachte so an die fünfhundert Zentner Kartoffeln im Jahr. Jede einzelne Kartoffel musste ausgehackt und auf den Wagen geworfen werden. Daheim wurden die Erdäpfel im Kartoffelkeller gelagert, bis sie verkauft werden konnten. Dazu musste man sie wieder aus dem Keller schaufeln, in Säcke füllen und zum Abtransport auf den Wagen hieven.

Heute übernimmt all das der Vollernter. Diese Maschinen graben mit einem Schar die Kartoffeln aus, trennen sie von Kartoffelkraut, groben Stein- und Erdresten – alles passiert vollautomatisch –, dann werden die Erdäpfel in Vorratsbunkern gesammelt oder direkt verladen und anschließend an Großabnehmer geliefert. Nur die Kartoffeln für den eigenen Bedarf bringt man noch heim in den Keller.

Mit sechzehn musste ich lernen, das Kühgespann zu fahren. Schon das Einspannen der Tiere war nicht einfach, und das Lenken erforderte einige Geschicklichkeit. Besonders hart war es bei der Waldarbeit, die mein Vater und ich zusammen erledigten: Da mussten wir schon um zwei Uhr morgens raus den Federn, ich spannte die Kühe als Vierergespann ein, denn zwei Kühe hätten die schwere Fuhre nicht schleppen können.

Der Vater ging meist schon voraus in den Spessart, und ich fuhr ihm mit dem Gespann nach.

Die Holzarbeit war besonders schwer. Wir schlugen Feuerholz und suchten Holz für die »Stickl«, die Pfähle, die man für die Arbeit im Weinberg braucht, um die Reben anzubinden. Daheim schnitt der Vater die Stickel zu, spitzte sie unten an und bestrich sie mit Pech, damit sie länger hielten.

Ich war das einzige Mädchen im Ort, das ein Kühgespann lenken konnte, oft pfiffen die Burschen hinter mir her, wenn ich auf dem Wagen saß und an ihnen vorbeizuckelte. Doch darum kümmerte ich mich nicht, ich hätte auch gar keine Zeit gehabt für ein Geplänkel.

Mein Vater war stolz auf seine Agnes, die arbeitete wie ein Mann, und sah es mit Argwohn, wenn junge Burschen oder Männer mir nachschauten.

Außer beim obligatorischen Kirchgang am Sonntag blieb mir kaum Zeit und Gelegenheit für einen Schwatz mit Freundinnen. Wir wohnten außerhalb des Ortes, und all die Arbeit ließ mir wenig Freizeit.

Wenn ich doch einmal hinunter ins Dorf wollte, meinte meine Mutter nur: »Hast ned genug Arbeit, dass'd strenzen musst?« Damit hatte sich die Sache meist erledigt.

Im Winter durfte ich in die Hauswirtschaftsschule, die sogenannte »Arbeitsschul'«, gehen. Die befand sich in den Räumen des Kindergartens, auf dem Gelände der Kirche neben dem Friedhof, bei den »schwarzen Schwestern«, wie wir die Nonnen wegen ihrer schwarzen Tracht nannten.

Man lernte dort, wie man den Mannsbildern ihre Hemden zuschneidet und näht, die Krägen draufmacht und andere Sachen, die für eine gute Haushaltsführung wichtig waren. Die Schule wurde nicht am Sonntag abgehalten, denn da durften die Schwestern nicht arbeiten, weil sie sich sonst versündigt hätten. Der Unterricht war freiwillig und fand nur im Winter statt, wenn wir jungen Mädchen Zeit hatten und es auf den Höfen nicht viel zu tun gab.

Die »schwarzen Schwestern« waren sehr arm und auf Gaben der Einheimischen angewiesen, die ihnen ab und zu ein Stückle Butter oder gar einen Gockel brachten, was sie stets sehr freute.

Für mich war der Unterricht eine große Freude, denn dort konnte ich frühere Schulfreundinnen und Schulfreunde treffen. Da wurde gelacht und gegackert, und so manche tuschelte und erzählte gar von einem jungen Kerl, der ihr schöne Augen machen tät.

Nach der Arbeitsschul' standen die jungen Burschen draußen und warteten auf uns Mädchen. Ich wusste mit denen gar nichts anzufangen und stand eher schüchtern daneben.

»Du, Agnes, ich glaub, der Schäfer-Leonhard, der hat ein Aug' auf dich geworfen«, meinte die Anna, die ich noch aus der Schulzeit kannte, eines Tages.

Ich lugte zu dem Burschen, der mit mir die Schulbank gedrückt hatte, wenn auch einen Jahrgang unter mir. Tatsächlich, das war der Bua, der mich manchmal heimbegleitet hatte, der Lennard!

Auch er sah eher schüchtern zu mir herüber, doch eines Tages fragte er mich, ob er mich heimbringen dürfe.

»Ich kenn meinen Weg selber«, gab ich schnippisch zurück, doch er begleitete mich trotzdem. Schweigend stapften wir hintereinander durch den tiefen Schnee den Weg hinauf zu unserem Hof.

Einige Meter vor unserem Haus, vor der letzten Wegbiegung, sagte ich zu ihm: »Jetzt gehst lieber, ned dass meine Leut' dich noch sehen.«

Er nickte. »Wenn die nächste Arbeitsschul ist, bin ich wieder da.«

Ich nickte nur, erwiderte aber nichts, sondern ging weiter.

Am Abend im Bett fragte ich mich, was das genau heißen sollte, dass einer ein Aug' auf ein Mädla geworfen hatte. Hatte der Lennard ein Aug' auf mich geworfen, weil er mich heimbegleitet hatte?

Gesagt hatte er jedenfalls nix davon.

Im Weinberg

Bei all der vielen täglichen Mühsal hat mich die Arbeit im Weinberg, im »Wengert«, wie man bei uns sagt, am meisten gefreut, auch wenn es eine bucklige Arbeit war.

Schon als Kind bin ich mit in den Wengert gegangen, das war ganz selbstverständlich. Dort zu sein, war mir lieber als die Hausarbeit und die Arbeit auf dem Feld, immer unter der Fuchtel der Mutter oder des Vaters. »Der Weinberg will seinen Herrn jeden Tag sehen« lautet ein alter Spruch der Häcker, der Weinbauern, und so ist es auch.

Jeden Tag ging ich also hinunter ins Dorf und drüben hinauf zu unserem Weinberg. Wir haben nur weiße Trauben angebaut, Silvaner, Müller-Thurgau und Gutedel. Rotwein wird in der Homburger Region erst seit ungefähr zehn Jahren angebaut, das ist neu bei uns.

Die Arbeit im Wengert war seinerzeit eine mühselige Handarbeit und ist es teilweise heute noch. Unsere Hänge sind steil, und damals, vor der großen »Umlegung«, in den Sechzigerjahren des letzten Jahrhunderts, waren die Hänge mithilfe von Stützmäuerle in sogenannte Schilde unterteilt. Diese Mäuerchen haben die Sonnenwärme gespeichert, das war gut für die Trauben, die zum Reifen Sonne und Wärme benötigen. »Wärme in der

Traube gibt Wärme im Glas«, heißt ein alter Winzerspruch.

Vereinzelt sieht man diese alten Weinberge mit Mäuerchen heute noch, aber nur zu historischen Ansichtszwecken, und selbst das können sich nur die großen Weinbaubetriebe leisten, wie das Weingut Fürst Löwenstein, der größte Winzer in unserer Gegend.

Die Zufahrt zum Weinberg war meist ein schlechter Feldweg, der unterhalb, manchmal auch oberhalb des Weinbergs verlief. Dort fuhr man mit dem Kühgespann hin und spannte aus. Alle anderen Wege im Weinberg konnte man nur zu Fuß begehen.

Bereits im Februar und März ging die Arbeit mit dem »Rämme«, dem Räumen los. Die Erde um Homburg ist steinig und kiesig. Typisch sind Kalkstein, Muschelkalk und Sandstein, weshalb hier auch nur bestimmte Rebsorten gedeihen, aber genau diese Erdqualität, die man hier vorfindet, macht den Geschmack, den Charakter der Trauben und die Güte unseres Homburger Weines aus.

Mit dem »Weinbergkaascht«, einer dreizinkigen Hacke, bearbeitete man den Boden. Die Rebköpfe, die im Herbst angehäufelt worden waren und aus denen nunmehr der Austrieb erfolgte, wurden freigelegt. Bei dieser schweren Arbeit beteiligten sich auch die Männer, während die spätere Arbeit, das Pflegen der Stöcke und Reben, überwiegend Frauen und Kindern vorbehalten war.

Mein Vater mochte die Arbeit im Wengert nicht gern, er arbeitete lieber am Hof und auf den Äckern und kam nur hin, wenn es gar nicht anders ging. So musste ich mich oft mit der schweren Mannsbilderarbeit herumplagen.

Wenn der Boden umgegraben war, wurden die Weinstöcke geschnitten. Das ist bis heute eine ausgesprochene Facharbeit, denn der richtige Schnitt entscheidet darüber, wie viele Trauben ein Weinstock tragen wird. Die abgeschnittenen Reben wurden dann aus dem Weinberg gezogen, »Reiheren« nennt man das, zu Bündeln geschnürt und heimgetragen. Das war nur minderwertiges Brennholz, nur zum Anschüren geeignet, aber zu der Zeit wurde nichts verschenkt und vergeudet. Meine Kinder erinnern sich noch heute an ihren schwer gebeugten alten Großvater, meinen Vater Gregor, wie er neben dem Herd saß und diese »Rawe« verbrannte.

Nach dem Reiheren konnte mit dem »Sticklschlagen« begonnen werden. Wir Kinder und Frauen mussten die über den Winter vorbereiteten Stickl – die Holzpfähle, an denen die Reben angebunden wurden – zwischen die Zeilen vertragen, und der Häcker schlug sie um die Weinstöcke mit einem Beil ein. Es war der Anspruch eines jeden Häckers, die Stickl exakt in Reih und Glied einzuschlagen, ansonsten wurde er von den anderen Weinbauern hämisch verspottet.

Wenn diese Männerarbeit getan war, kamen die Frauen an die Reihe: Jetzt mussten die Tragreben am Stickl angebunden werden, mit einer Sisalschnur oder jungen Weidenruten. Dabei musste man besonders vorsichtig sein, um keine Triebe mit Augen abzubrechen.

Wenn das aus Versehen passierte, schimpfte meine Mutter: »Scho widder e Schoppe getrunke'!«, denn jetzt trug der Stock zwei Reben weniger.

Von da an wurde laufend »ausgebrochen«: Man entfernte neu sprießende Triebe, wie beim Ausgeizen von Tomatenpflanzen, da diese sonst dem Stock die Kraft für die Trauben rauben würden.

So um Anfang Juni blüht, wenn alles gut geht, der Wein. Da schaut der Weinbauer oft aus dem Fenster, denn wie das Wetter bei der Weinblüte ist, sagt viel über die voraussichtliche Ernte aus. Die Blüte selbst ist unscheinbar und schnell vorbei, unkundige Wanderer werden sie oft nicht einmal erkennen, allenfalls am Duft. Die einzelne winzige Blüte ist nur ungefähr vierundzwanzig Stunden zur Selbstbestäubung durch den Wind bereit, dann »rieselt« sie ab. Man glaubt, dass dieser Begriff dem Riesling seinen Namen gegeben hat, da diese Rebsorte besonders schnell zum Abrieseln neigt.

Gleich nach der Befruchtung bildet sich das kleine »Beerle« heraus. Der ganze Stock blüht ungefähr ein bis zwei Wochen, man sieht gleichzeitig Blüten und die ersten kleinen Kügelchen, die später Trauben werden, am Stock.

Ich hab' die Zeit der Weinblüte immer besonders gern mögen. So oft es ging und mir die Arbeit Zeit dazu ließ, bin ich hinaus in den

Wengert, setzte mich zwischen die Weinstöcke und genoss die Ruhe und den Frieden um mich herum.

Als ich einmal so dasaß, kam der Lennard daher. »Schön's Wetter, gell?«, begrüßte er mich. Ich nickte nur. »Derf ich mich zu dir setz'?« Ich nickte wieder.

So saßen wir beide nebeneinander und schauten hinunter nach Homburg.

Nach einiger Zeit, ich wurde schon unruhig, fragte er: »Kannst ned amal am Abend komm'? Da sind viele von de junge Leut' da, jetzt bei der Weinblüte. Du weißt ja, was man sagt: Wenn der Weinbauer unter der Weinblüte schlafen kann, gibt's ein gutes Jahr!«

Ich fuhr herum und lief feuerrot an.

»Naa, s-so hab ich d-des ned g'meint«, stotterte Lennard verlegen. »Ich m-mein nur, dass es zur Weinblüte gutes Wetter braucht, sonst verregned's die ganze Ernte.« Er schaute mich bittend an: »Also, kommst?«

»Ich weiß ned, ich hab viel Arbeit daheim«, wehrte ich ab.

»Aber am Abend, da muss doch amal a Ruh sein, oder ned?«

Ich seufzte tief. »Vielleicht, ich weiß ned.«

Lennard sah enttäuscht drein. »Also, ich bin da! Ich wart auf dich, Agnes!«

Am nächsten Abend ging ich noch nicht zum Wengert, ein bissala zappeln lassen wollt ich den Lennard schon. Aber am übernächsten Abend, es war ein wunderschöner, lauer Sommerabend, sagte ich nach dem Abendessen zur Mutter: »Ich geh noch mal zum Wengert, Mudder!«

Die sah mich mit einem verdutzten Blick an. »Jetzt no' mal? Hast denn ned g'nug g'arbeit, du warst doch heut Nachmittag schon dort.«

»Ja, schon, aber die Weinblüte ist so schön, und bald ist's vorbei.«

Mein Vater sah mich prüfend an, sagte aber nichts.

Schnell lief ich hinunter durchs Dorf und hinüber zu den Weinbergen. Ich war nicht die Einzige, auch andere junge Mädla und Burschen waren auf dem Weg. Da gab es viel Gelächter und Geplapper.

An der Stelle, an der ich vorgestern gesessen hatte, wartete Lennard auf mich. Die Freude, als er mich erblickte, konnte man ihm ansehen.

»Ich hab gestern schon auf dich g'wartet, Agnes«, brachte er heraus. »Ich freu mich, dass'd heut 'kommen bist!«

»Wollen wir ned zu den anderen gehen?«, fragte ich, denn ich hatte gesehen, dass sich die Dorfjugend ein Stück entfernt von uns versammelt hatte.

Er schüttelte heftig den Kopf. »Die bleiben ned lang beieinand'«, murmelte er. »Des verteilt sich schnell.«

Wir setzten uns zwischen die duftenden Rebstöcke und schauten hinaus aufs Land. Irgendwann tastete Lennard nach meiner Hand, und ich ließ es zu. Mutig legte er den Arm um mich. Mir war ganz sonderbar zumute, ich wusste nicht, was ich sagen sollte. Aber es war schön.

»Kommst morgen wieder?«, flüsterte mir Lennard ins Ohr.

»Ich weiß ned, ob's geht, die Mutter hat heut schon so komisch g'schaut«, gab ich zurück.

Lennard grinste: »Die haben es ganz sicher früher ned anders g'macht. Die Weinblüte ist halt eine besondere Zeit, vor allem für die Jungen.«

Inzwischen hatte das Gelächter und Gerede im Wengert aufgehört, es war still geworden. Wo die anderen wohl waren?

»Die sitzen auch alle zu zweit beieinand'«, Lennard lachte leise, als ich ihn das fragte.

Langsam ging die Sonne unter. Ich stand auf. »Ich muss heim, sonst sorgt sich die Mudder um mich.«

»Ich bring dich heim, ich möchte ned, dass du alleine gehen musst, wenn's dunkel ist.«

So gingen wir nebeneinander, ums Dorf herum, auf einem anderen Weg als sonst zu unserem Hof. Wieder bat ich ihn vor der letzten Wegbiegung vor dem Haus, umzukehren.

»Also, bis morgen, Agnes!« Er hielt meine Hand fest, und ich nickte.

Als ich am Haus ankam, war alles dunkel. Leise schlich ich mich hinauf in mein Zimmer, das ich mit der Therese teilte. Aus dem Zimmer von Amalie und Thekla hörte ich leises Kichern und Gemurmel, aber Therese schien fest zu schlafen. Leise schlüpfte ich unter die Bettdecke. Mein Herz pochte vor Freude, ich dachte an Lennard und rief mir jede Minute, die ich mit ihm im Wengert verbracht hatte, noch einmal ins Gedächtnis.

Am nächsten Tag bemühte ich mich, möglichst schnell mit meiner Arbeit fertig zu werden, doch der Vater machte mir einen Strich durch die Rechnung.

»Heut geh'n mer noch raus auf den Rübenacker, Agnes«, meinte er nach dem Abendessen.

Ich erschrak. »Warum denn, da ist doch alles in Ordnung, Vadder?«, protestierte ich.

»Man kann ned genug schauen auf's Sach'«, murmelte er.

Ich sah alle meine Felle davonschwimmen, aber dem Vater zu widersprechen, das traute ich mich nicht. Also trottete ich missmutig hinter ihm her und dachte an den armen Lennard, der jetzt sicher im Wengert saß und auf mich wartete. Womöglich würde er denken, dass ich ihn nicht mochte.

Plötzlich blieb der Vater stehen und sah mich an. »Willst zum Wengert, gell?«

Ich wurde rot und nickte. Er lächelte, wie mir schien, ein bisschen wehmütig.

»Alle meine Freundinnen sind dort«, meinte ich kleinlaut.

»Soso, alle deine Freundinnen«, meinte er verschmitzt.

Ich nickte wieder, spürte einen Kloß im Hals.

»Na, dann geh'st halt«, willigte er ein. »Aber komm ned zu spät, die Mudder kann ned schlafen, solange du ned da bist. Heut Nacht hat sie auch kein Aug' zu g'macht, bis' d endlich reing'schlichen bist.«

Ich erschrak. Mein Gott, und ich hatte gedacht, die Eltern würden schlafen!

»Na, geh schon, damit deine Freundinnen ned so lange warten müssen.«

Als ich eilig den Hang hinunterlief, rief er mir nach: »Bleib brav, Agnes!«

Doch das hörte ich kaum mehr, in Gedanken war ich längst bei Lennard.

Von nun an ging ich fast jeden Abend zum Weinberg, auch nach der Weinblüte noch. Meist hatte ich eine kleine Hacke geschultert, um so zu tun, als ob ich dort arbeitete. Doch so dumm waren die Meinigen auch wieder nicht. Nur die Amalie fragte mich einmal beim Abendessen, warum ich denn so spät auch noch arbeiten tät', ich hätte doch tagsüber schon genug getan.

Da platzte die kecke Thekla heraus: »Geh, Amalie, die arbeitet doch ned im Wengert auf d' Nacht! Die trifft sich doch mit dem Leonhard Schäfer, dem Lennard.«

Ich fühlte, wie mir das Blut in die Wangen schoss, und wurde verlegen. Der Thekla warf ich einen wütenden Blick zu, aber das kümmerte die nicht.

Die Mutter schaute mich streng an. »Mit dem Lennard also triffst dich«, stellte sie fest. »Der hat doch nix, Agnes! Die Schäfers, die haben doch nur zwee Küh im Stall stehen und krautern so rum, die können doch von der Landwirtschaft ned leben, so wie wir. Noch dazu hat der Lennard noch einen älteren Bruder, der mal alles kriegt. Was willst denn mit dem armen Schlucker? Was arbeitet der denn überhaupt?«

»Er arbeitet in der Papiermühle«, brachte ich heraus. Die Papiermühle am Ortsrand von Homburg,

Erlenbach zu, stellte aus Papierbrei, der aus Lumpen, sogenannten »Hadern« und Altpapier bestand, allerhand gefragte Papiere her. Der Betrieb war seinerzeit ein wichtiger Arbeitgeber in Homburg.

»In der Papiermühle«, meinte die Mutter verächtlich.

»Aber schön ist er schon, der Lennard«, unterbrach die vorwitzige Thekla die Vorhaltungen der Mutter. »Der tät mir auch g'fallen, wenn ich älter wär. So schöne schwarze Locken, wie der hat! Einen mit einer Glatze tät ich nie nehmen.«

Alle lachten, nur ich sagte nichts. Doch als ich später aus dem Haus ging, spürte ich den missmutigen Blick der Mutter im Rücken.

Zwei bis drei Mal im Jahr wurde der Boden im Weinberg gehackt und die Erde gelegentlich mit frischem Stall- oder mit Asche vermengtem Hühnermist gedüngt.

Sobald die neuen Triebe Blätter angesetzt hatten, wurde gespritzt, hauptsächlich gegen Pilzkrankheiten. Die viel gefürchtete Reblaus ist bei uns so gut wie ausgestorben. Aber 1902 hatten auch wir in Unterfranken mit diesen Schädlingen zu kämpfen, die den Weinstöcken zusetzten. Befielen diese Läuse die Reben, war das eine Katastrophe für den Weinbau.

Seinen Anfang nahm der Reblausbefall um 1860, eingeschleppt waren die Läuse über amerikanische Rebstöcke worden. Damals zerstörte dieser Schädling große Teile der französischen

Weinbaugebiete, rund 2,5 Millionen Hektar Weinberge! Später breitete sich die Reblaus auch auf Weinbaugebiete in Deutschland aus. 1902 wurden die ersten Schäden in Unterfranken entdeckt. Die befallenen Weinstöcke mussten verbrannt werden, und an deren Stelle durften keine neuen Reben mehr gepflanzt werden. Selbst heute noch kann man im Gelände, oft auch im Wald, Reste von Mäuerchen entdecken und weiß dann, dass dort früher einmal ein Weinberg gewesen war.

Für die Weinbauern bedeutete der Schädlingsbefall einen immensen Schaden, denn der Weinberg musste neu angelegt, Rebstöcke gekauft und gepflanzt werden. Ein neuer Weinstock trägt erst nach etwa drei Jahren, da musste so mancher Weinbauer einen »Notkredit für Kleinwinzer« aufnehmen, um über die Runden zu kommen. Kein Wunder, dass damals so mancher Weinberg aufgegeben werden musste.

Das Spritzen gegen den Pilzbefall war eine scheußliche Arbeit, aber es musste getan werden, wollte man nicht die Ernte riskieren. Außerdem hätten sich die Schädlinge auch in anderen Parzellen und Weinbergen vermehrt, und das wäre eine Katastrophe gewesen. Lediglich zur Zeit der Weinblüte durfte nicht gespritzt werden, später suchte man sich einen günstigen Tag mit gutem Wetter für diese Arbeit aus.

Die Spritzbrühe war eine Mischung aus einer giftigen Kupfervitriollösung und Kalkmilch aus frisch gelöschtem Kalk und Wasser. Sie wurde auf dem Hof zusammengemixt, ins Spritzfässle gefüllt und mit dem Kühgespann zum Weinberg gefahren. Ein Helfer musste laufend die neue Spritzbrühe in Eimern vom Hang oben oder unten herbeitragen, wo das »Spritzfässle« abgestellt war. Anschließend wurde die Lösung in die Rückenspritze eingefüllt, die etwa zwanzig Liter fasste. Heute kann man diese kupfernen Spritzen allenfalls noch im Museum sehen, doch zu meiner Zeit war es üblich, sich diese mit dem dazugehörenden Pumpmechanismus auf den Rücken zu schnallen. Mit der rechten Hand hielt man das Spritzrohr, mit der linken musste man den Pumpenhebel betätigen, um den nötigen Druck in der Spritze zu erzeugen.

So ging man durch die Zeilen und spritzte jeden Stock ab, Reihe rauf, Reihe runter, bis der milchige Saft an den Pflanzen herunterlief. Das alles geschah ohne Handschuhe und Atemschutz, unvorstellbar für die heutige Zeit! Wenn einem da der Wind die Spritzflüssigkeit ins Gewicht wehte, brannte es scheußlich, und die Haut wurde hochrot, als wäre sie verätzt worden.

Nach solch einem Tag waren durch das Spritzmittel nicht nur die Weinberge himmelblau, sondern auch wir – das ganze Gesicht, die Hände und ebenso die Spritzkleidung, die nur für das Spritzen verwendet und nie gewaschen wurde. Nach so einem Tag hatte man eine gründliche Reinigung draußen am Brunnen oder drinnen in der Küche im Zuber mit warmem Wasser bitter nötig.

Heute fragt man sich, wie man das überstehen konnte, aber wir haben es überlebt. Immerhin bin ich heute zweiundneunzig Jahre alt, auch die Therese und die Olga leben noch, und die Thekla ist Mitte achtzig. Wir sind alle noch recht rüstig und gesund für unser Alter.

Etwa ab Mitte August durften die Trauben nicht mehr gespritzt werden, doch das hieß nicht, dass die Arbeit im Weinberg zu Ende war, ganz im Gegenteil. Regelmäßig musste gehackt, die Triebe mit dem jüngeren Laub gestutzt und überzählige Blätter entfernt werden, damit die Sonnenstrahlen besser an die Trauben gelangten, damit sie »kochen« konnten.

So ging die Arbeit im Weinberg den ganzen Sommer nie aus.

Wenn er Feierabend hatte, kam der Lennard so oft wie möglich nach der Arbeit in der Papiermühle zu unserem Wengert, um mir bei der Arbeit zu helfen. Das versöhnte die Mutter etwas, auch wenn sie ihn meist nicht gerade freundlich behandelte.

Wie schön es war, wenn wir draußen mit Wurst, Brot, Kaffee, verdünntem Most und Wasser aus der Quelle Vesper hielten! Das Wasser hatten wir vorher in Flaschen gefüllt, die wir mit nassem Zeitungspapier umwickelten, damit es kühl blieb, denn man konnte nicht alle naselang zur entfernten Quelle laufen. Dann saßen wir auf den Mäuerle, und oft ging es recht lustig zu, bis die Mutter streng zur Weiterarbeit mahnte.

Ab September, heutzutage durch die Klimaerwärmung auch etwas früher, wurden die Weinberge gesperrt. Niemand, nicht einmal die Besitzer, durften sie bis zur Weinlese betreten. Zur

Überwachung wurde ein sogenannter »Wengert-schütz« aufgestellt: ein Mann, der von Amts wegen die Weinberge sicherte. Eine seiner Aufgaben bestand darin, mit Schüssen, die er abgab, die Vögel zu vertreiben, die sich sonst an den Weintrauben gütlich getan hätten. Zudem wurden »Wengertsböitze« aufgestellt – Vogelscheuchen, die man mit alten Kleidern und Hüten ausstaffiert hatte.

Während dieser Zeit legten wir ein oder zwei Mal in der Woche »Wengerts-Tach« ein, an denen die übrigen Arbeiten im Weinberg erledigt wurden.

Doch den Höhepunkt aller Mühen am Weinberg markierte die jährliche Weinlese.

Weinlese

Wenn ein gutes Jahr hinter uns lag, konnten wir endlich den Lohn unserer Mühen ernten. Sobald die Trauben reif und dank einiger Trockentage nicht verwässert waren, ging es los.

Daheim wurde der Mistwagen umgerüstet, indem man die Wagenbretter entfernte und auf der Stellfläche mit Seilen ein paar Zuber befestigte. Meist fuhr ich den Wagen mit den Kühen hinaus, spannte die Zugtiere aus, und die Amalie oder die Thekla mussten sie heimtreiben, damit die Tiere nicht den ganzen langen Tag untätig draußen herumstanden und man auf sie aufpassen musste.

Zur Weinlese ging die ganze Familie, in guten Jahren mit einer üppigen Ernte halfen auch Freunde oder Verwandte mit. Die Weinleser, oft auch Kinder, gingen von Stock zu Stock, schnitten mit Schere oder Messer die Trauben ab und füllten sie in einen Eimer. Einzelne Trauben, die heruntergefallen waren, musste man auflesen, denn jede Traube war wertvoll.

Wenn der Eimer voll war, rief man laut: »Butte!« Dann kam ein Mann mit der Butte, einem großen Korb auf dem Rücken, und man leerte den Eimer in die Butt. Wenn diese voll war, ging der Buttenträger zum Wagen und leerte die Trauben in den Zuber oder ein altes Weinfass auf der Ladefläche.

Die Butten zu tragen, war schwere Arbeit – eigentlich eine Männerarbeit, denn so ein voller Behälter konnte leicht einen Zentner wiegen. Doch weil mein Vater nicht gern zum Weinberg ging, musste oft ich die Butte tragen, da wurde ich nicht verschont. Einmal, so erinnere ich mich, verlor ich mit der vollen Butte das Gleichgewicht und bin ein paar Mäuerchen hinuntergestürzt. Gottlob milderte die Butte den Sturz ab, und ich kam mit ein paar Schrammen davon.

»Kannst ned besser uffpass'?!«, war alles, was die Mutter zu mir sagte. Wenn man sich nichts gebrochen hatte, wurde nicht lange lamentiert, sondern weitergearbeitet. »Jetzt müss mer alle Traube wieder aufklaub!«, schimpfte sie.

Wenn der Zuber auf dem Wagen voll war, wurden die Kühe geholt und eingespannt, bevor man die Trauben zur Winzergenossenschaft fuhr, einer Wirtschaftsvereinigung der Weinbauern und Winzer. Jeder Bauer erwarb mit seiner Mitgliedschaft auch einen Anteil an der Genossenschaft. Später wurden abschlagsmäßig die Lieferungen der Trauben bezahlt und zum Schluss eine Gesamtabrechnung erstellt. Das wird heute noch so gehalten.

Bei der Genossenschaft mussten die Trauben aus dem Zuber oder dem alten Weinfass in Eimer geschaufelt und zur Waage geschleppt werden. Nach dem Wiegen schaufelten wir sie mit großen Gabeln auf eine Rutsche, die in eine Zentrifuge mündete, in welcher die Beeren vom Strunk getrennt, zu Maische zerquetscht und mit der Mostwaage die Oechslegrade bestimmt wurden.

So wurde gemessen, wie viel Zuckergehalt die Trauben hatten. Je höher der Oechslegrad, desto mehr Geld brachten sie ein.

Wenn man Glück hatte, gab es einen milden, »goldenen« Oktober, aber ich erinnere mich an Jahre, in denen der Wein erst spät reif war und sogar schon bei der Weinlese Schnee lag. Da machte das Schneiden mit den klammen und fast erfrorenen Händen noch weniger Spaß, doch immerhin gab es gelegentlich ein Schnäpsle zum Aufwärmen.

Bei Frost wurden in den Weinbergen kleine Feuerchen entzündet, um die Reben zu erwärmen, irgendwann hat man Eimer mit Wachs und Jahre später auch einige mit Heizöl aufgestellt, was aus der Ferne ganz romantisch aussah. Natürlich mussten die Feuer bewacht werden, um Schlimmes zu verhindern – eine Aufgabe, die der Jugend zufiel. So manch zarte Liebesbande mögen in dieser Kälte geknüpft worden sein, wenn man sich gegenseitig wärmte.

Lennard kam noch immer nach getaner Arbeit in der Papiermühle zum Helfen und nahm mir die schwere Butte ab. Mittlerweile war sein Ansehen bei meiner Mutter immerhin etwas gestiegen. Am Abend eines jeden Weinlesetages gab es eine schöne Vesper, das ließ sich eine Weinbäuerin nicht nehmen. Darauf freuten sich alle, und die Mutter hat dem Lennard als Dank für seinen Einsatz bei der Weinlese auch etwas zugeschoben.

Winzer nennt man jene Weinbäuerle, die selbst Wein keltern, auch in Homburg gab und gibt es bis heute einige davon. Wir haben nicht gekeltert, sondern verkauften unsere Trauben an die, damals neu gegründete, Genossenschaft und schafften nur wenige Früchte nach Hause, aus welchen wir Traubensaft pressten, den wir sterilisierten. Aber eigentlich waren uns die Trauben zu wertvoll zum Saften, unsere Obstbäume warfen genug Äpfel ab, aus denen wir Most kelterten. Traubensaft gab es nur zu ganz besonderen Gelegenheiten.

Die Zeit der Weinlese war stets eine besondere, doch nicht immer fiel die Ernte gut aus. Es gab Jahre, da gab es so gut wie keine Trauben, ich entsinne mich, dass einmal über einen Zeitraum von drei bis vier Jahren die Reben von Pilzen befallen waren. In einem Jahr mit zu schlechtem Wetter ernteten wir gerade einmal einen Eimer voll Trauben, all der Mühsal zum Trotz. Das war bitter. Das Wetter war zu schlecht gewesen.

Ich brachte den Eimer voller mickriger Trauben zur Genossenschaft und stellte diesen auf die Waage.

»Und jetzt, Agnes, was willst?«

»Das ist alles«, gab ich zurück, fast den Tränen nahe.

Doch den anderen Weinbauern war es nicht viel besser ergangen.

»Ja, da haben wir uns umsonst abgerackert«, seufzte einer. Er hatte immerhin einen Zuber voll gebracht, doch auch nur dank einer viel größeren

Anbaufläche. »Denk dir nix, Agnes! 'S nächste Jahr wird wieder besser, glaab mer's!«, versuchte er, mich zu trösten.

So schlimme Jahre wie jenes gab es selten, und im folgenden Jahr fiel die Ernte meist wieder besser aus.

Wenn die Weinlese beendet war, ließen wir es uns bei allerhand Festlichkeiten und Feiern gut gehen, dazu wurde dann der »Federweiße« ausgeschenkt, der erste, noch nicht ganz vergorene Wein. Sein Geschmack ändert sich täglich, von prickelnd süß bis eher säuerlich, schmeckt er jeden Tag ein bissala anders.

Man kann ihn vielleicht eine Woche lang trinken, dann vergärt er weiter zu echtem Frankenwein. Im folgenden Jahr, nach der Weinlese, gibt es dann wieder Federweißen.

Auch wenn man den Weinberg abgeerntet hatte, war die Arbeit nicht beendet. Erst wurde die Winterdüngung mit Kali und Thomasmehl ausgebracht und untergeharkt, dann häufelte man die Stöcke zum Winterschutz an, das sogenannte »Decken«, man entfernte die Stickel, die Weinbergpfähle, und transportierte sie nach Hause.

Der Vater sortierte den Winter über die teils verfaulten, alten Stickel aus, schnitt neue für das nächste Frühjahr zu und verkohlte deren Enden, damit die Pfähle nicht so schnell verrotteten.

Nun war die Arbeit im Weinberg bis zum Frühjahr beendet, dann begann man aufs Neue mit dem Einschlagen der Stickel, dem Umgraben und dem Zuschneiden der Stöcke.

Ein Weinstock verträgt erstaunlich tiefe Temperaturen, bis zu minus zwanzig Grad. Dennoch kam es immer wieder vor, dass ein ganzer Weinberg erfror. Früher fielen die Winter viel kälter aus als heute. Doch auch 2011 ist ein Großteil der Ernte erfroren, ein großer wirtschaftlicher Verlust für die Weinbauern und Winzer. In Jahren wie diesen legt man den ganzen Weinberg neu an und bepflanzt ihn mit neuen Stöcken. Diese müssen gekauft werden, denn sie müssen gut angewurzelt sein, mit einfachen Stecklingen ist das nicht zu machen.

Bis zum ersten Ertrag dauert es drei Jahre, eine lange Wartezeit, die manch ein kleinerer Weinbaubetrieb nicht übersteht. Im Fall der Fälle muss aus Not sogar der gesamte Weinberg verkauft werden und geht an einen anderen Besitzer über.

Im Winter kehrte Ruhe im Hof und auf den abgeernteten Feldern ein. Endlich hatte die Jugend Zeit, miteinander zu feiern. Da gab es Weinfeste und Kirchweih, Fasching und andere Festlichkeiten der ortsansässigen Vereine.

Im Gasthaus *Krone* oder dem *Güldenen Rößlein* traf sich die Dorfjugend zum Tanz und genoss die Geselligkeit. Ich ging nur gelegentlich dorthin. Für meine Arbeit bekam ich keinen Lohn, und wenn ich die Mutter ab und zu um etwas Geld bat, herrschte sie mich an: »Wir haben selber nix, was soll ich dir denn geben?« Wenn ich dann fünfzig Pfennige bekam, konnte ich froh sein, das war schon viel. Kein Geld zu haben, hat mich oft verbittert, vor allem, wenn die Mutter mir dann noch dazu nachrief: »Lass dir nix zahlen von einem Mannsbild, Agnes! Wenn du des machst, dann glaubt der, er hat ein Recht auf dich, dann musst den heiraten.«

So ging ich meist zum Brunnen vor dem Lokal, um Wasser zu trinken. Später gab mir der Lennard dann ab und zu etwas im Lokal aus, aber das erzählte ich der Mutter lieber ned, das wär ihr ned recht gewesen.

Auch was Kleidung betraf, wurde ich an der kurzen Leine gehalten. Ein- oder zweimal im Jahr, meist im Herbst nach der Ernte, fuhr ich mit dem Vater auf dem Kühgespann nach Würzburg zum Markt, um unsere Erzeugnisse zu verkaufen.

»Wennsd' gut verkaufst, darfst dir ein Paar Schuhe kaufen«, hieß es dann gnädig.

Diese Fahrten in die große Stadt waren immer ein besonderes Erlebnis, hatte ich doch außer Homburg, Triefenstein oder Marktheidenfeld noch nichts anderes auf der Welt gesehen.

Krieg

1933 war Hitler an die Macht gekommen. Wir waren keine politisch interessierte Familie, auch wenn der Vater ein paar Jahre im Gemeinderat saß. Mit der großen Politik beschäftigten wir uns nicht. Wir machten unsere Arbeit und schauten zu, dass wir mit unserem Leben zurechtkamen.

Wie überall sonst gab es auch in Homburg solche und solche: einige, die von Hitler begeistert waren und sich eine bessere Zeit versprachen, und andere, die ihn lieber nicht an der Macht gesehen hätten. Doch sehr bald wurde klar, dass man eine kritische Meinung besser nicht öffentlich äußerte. Oft genug ermahnte die Mutter den Vater, er solle besser vorsichtig sein mit seinen Gesprächen am Stammtisch in der *Krone*.

Wir hatten in Homburg schon seit ewigen Zeiten eine jüdische Gemeinde. In der Unterstadt stand eine Synagoge, der ein Rabbiner vorstand. Vor der Zeit des Nationalsozialismus waren die jüdischen Bewohner unseres Ortes gut in die Gemeinde integriert, doch Diskriminierung und Verfolgung machten auch vor der jüdischen Gemeinde in Homburg nicht halt. Jüdische Kinder, welche bisher die »normale« Schule besucht hatten, mussten jetzt getrennt von den anderen unter einem Baum die Pausen verbringen und wurden nicht selten verspottet.

Juden wurden aus allen Ämtern und Vereinen ausgeschlossen, die Beschäftigung weiblicher Jüdinnen, die das 45. Lebensjahr noch nicht erreicht hatten, war ebenso verboten wie die Eheschließung zwischen Juden und Nichtjuden.

Am 9. November 1935 begann eine von der NSDAP-Kreisleitung organisierte Zerstörungsaktion: Morgens um vier wurden die Fenster der kleinen, bescheidenen Synagoge in der Unterstadt eingeworfen. Am Abend startete man eine Kampagne, bei der die jüdischen Häuser und Geschäfte im Ort aufgebrochen und zerstört wurden.

Ich weiß noch genau, wie ein junger Homburger, ein Mitglied der Partei, aus dem Laden des Julius Heimann einen Stoffballen hinaustrug, den er mit Schwung über einen dicken Ast warf. Noch heute seh ich vor mir, wie sich der schöne blaue Stoff vom Ballen wickelte und der Kerl mit seinen dreckigen Stiefeln darauf herumtrampelte. Im Laden wurde alles kurz und klein geschlagen.

Zu sehen, was diese Kerle anrichteten, tat mir unheimlich weh – nicht nur wegen der armen Leute, sondern auch, weil wir beim Heimann immer noch etwas hatten kaufen oder sogar anschreiben lassen konnten. Der alte Herr Heimann durfte sein Geschäft nicht mehr weiterführen, und wir haben das Lädle sehr vermisst.

Einigen jüdischen Familien gelang es damals, rechtzeitig auszuwandern, einige blieben in Homburg, ihrer Heimat, und hofften, der böse Spuk würde bald vorbei sein. Doch diese Hoffnung trog, stattdessen wurde alles noch viel schlimmer.

Im Dezember 1938 brannte man die Synagoge nieder. Die Feuerwehr wurde zwar benachrichtigt, man hatte die Männer aber angewiesen, nur die nichtjüdischen Häuser zu schützen, denn die Synagoge lag mitten im Ort. Jüdische Häuser, die neben dem brennenden Glaubenshaus standen, durften nicht beschützt werden und brannten ab.

Meine Tante Thekla Wolz, die Schwester meiner Mutter Dora, die auch eine Heimatdichterin war, war mit der Frau des Rabbiners Heimann eng befreundet. Tante Theklas Bauernhof befand sich in der Unterstadt, in der Nähe der Synagoge, und ist heute ein schönes Gasthaus.

Sie wurde mehrmals verwarnt, weil sie sich um die jüdischen Betroffenen kümmerte, denen sie Eier und andere Lebensmittel brachte. Es war gefährlich, den Juden zu helfen; selbst mit ihnen zu sprechen, war verboten. Den wenigen Homburgern, die sich nicht an die Verbote hielten, wurden sofort Zwangsmaßnahmen angedroht, und die Juden hatten noch mehr zu leiden.

Doch es sollte noch schlimmer kommen: 1942 wurden die letzten noch in Homburg verbliebenen Juden »zwecks Evakuierung« abtransportiert. Es waren nicht mehr viele, ein kleines Häuflein Elend. Am Brunnen am Dorfplatz trieb man sie zusammen, stieß sie mit Gewehrknüppeln vorwärts, um sie wie Vieh auf einem Karren zu verladen. Einige Homburger hatten sich eingefunden, darunter die Frau Schäfer, die Mutter von Lennard.

Als die Frau Heimann von einem Mann niedergeschlagen wurde, schimpfte die alte Schäferin: »Seid ned so grob mit dene arme Leut!«

Da trat ein SS-Mann drohend auf sie zu und herrschte sie an: »Wenn du dein Maul ned hältst und dir des ned passt, kannst gleich mit aufsteigen!«

Einige Homburger murrten, weil sich die Schäferin für die Juden eingesetzt hatte, andere schwiegen. Man wusste, dass die Juden in Arbeitslager gebracht wurden, aber davon, was dort wirklich geschah, hatte man keine Ahnung. Als sich der Karren in Bewegung setzte, bäumte sich einer der alten Männer auf der Ladefläche auf, drohte mit der Faust und stieß einen bösen Fluch aus.

Da murmelte einer der Homburger Männer: »Wenn sich des mal rächt, da möcht ich ned mehr da sein.«

Die Tante Thekla fand tatsächlich heraus, wohin die Homburger Juden transportiert worden waren. Sie schickte ihrer Freundin, der Frau Heimann, einen Brief und einen Kuchen nach Theresienstadt und bekam eine Karte von ihr zurück, in der sich die arme Frau überschwänglich bedankte und schrieb, sie hätte den Kuchen mit den anderen Frauen in ihrer Baracke geteilt, wüsste aber nicht, wo ihr Mann, der Rabbiner, untergebracht sei.

Später kam uns zu Ohren, dass der Rabbiner Heimann in Theresienstadt ermordet worden war, von seiner Frau hat man nie wieder gehört.

Als 1939 die Mobilmachung angeordnet wurde, schwante meinem Vater nichts Gutes, und er sollte recht behalten. Am ersten September 1939 brach der Zweite Weltkrieg aus. Der Überfall auf Polen wurde uns allen als Gegenschlag eines polnischen Angriffs verkauft.

»Seit 5:45 wird zurückgeschossen! Von jetzt an wird Bombe mit Bombe vergolten!« Diese historischen Worte hörten wir, als Hitlers schnarrende Stimme aus dem Volksempfänger erscholl.

»O je, jetzt geht's los«, brummte der Vater.

»Bin ich froh, dass du schon so alt bist, Gregor, und dass wir keinen Bua hab'n«, meinte die Mutter dazu. »Die Sorg', dass mir einer genommen wird, die hab ich ned!«

Ich war damals fünfzehn Jahre alt, zum Reichsarbeitsdienst für Mädchen musste ich nicht, dafür hatte ja die Mutter gesorgt. »Wer sonst tät die ganze Arbeit am Hof mach', wenn ned die Agnes«, schimpfte sie.

Bald waren nur noch die Frauen, alte Leute und Kinder für die nötige Arbeit da. Zu Beginn des Krieges wurde ein Sieg nach dem anderen verkündet, und die Euphorie war groß. Doch dann wendete sich das Blatt, die Gemeinde beklagte die ersten Gefallenen.

Insgesamt hatte Homburg am Ende des Krieges 75 Kriegsopfer, Gefallene und Vermisste zu betrauern, viel für den kleinen Ort. Lennard war noch zu jung, um zur Wehrmacht eingezogen zu werden. »Bis ich so alt bin, ist der Krieg längst vorbei, und wir sind die Sieger«, hat er damals zu mir gemeint. Doch es sollte anders kommen.

An einem Herbstabend, es dunkelte schon, saß ich mit meinen Schwestern und den Eltern in der Stube, als es draußen im Flur rumorte. Damals war es noch nicht üblich, dass man die Haustür absperrte, jedermann konnte frei das Haus betreten.

Ich ging hinaus, da stand Lennard, voller Blut im Gesicht und irgendetwas stotternd.

»Lennard!« Vor Schreck schlug ich die Hände zusammen. »Wie schaust denn aus? Was ist passiert?«

Er verzog das Gesicht zu einem schiefen Grinsen. »Ich wollt zu dir. Bin den Wiesenweg rauf, im Dunkeln. Da steht der Zwetschgenbaum, und den hab ich mitg'nomme und hab mir's G'sicht uffg'schlage.«

Inzwischen war auch die Mutter aus der Stube gekommen.

»Lennard! Was machst denn du da?«

»Der Lennard hat sich draußen an einem Baum ang'stoßen«, erklärte ich.

»Wie kann mer nur so blöd sei!« Sie schüttelte den Kopf und ging zurück in die Stube.

Natürlich kamen auch die Therese, die Amalie und die Thekla daher, um den Lennard anzugaffen, kicherten und machten dumme Bemerkungen.

»Jetzt lasst den Lennard in Ruh«, schimpfte ich, nahm ihn an der Hand und führte ihn in die Küche. »Da, setz dich hin, ich wasch dir's Gsicht ab!«

Lennard setzte sich auf die Bank, und ich holte aus dem Wasserschiffle warmes Wasser in einer

Schüssel und einen frischen Lappen. Ich beugte mich zu ihm hinunter und betupfte vorsichtig seine blutige Nase und Stirn. Plötzlich hielt er meine Hände fest, zog mich zu sich und gab mir einen Kuss, mitten auf den Mund. Die Röte schoss mir in die Wangen, und ich stammelte verlegen: »Geh, Lennard, was machst denn da?«

»Des wollt ich schon lang machen, Agnes«, flüsterte er mir ins Ohr.

Ich trocknete ihm das Gesicht und ließ mich neben ihn auf die Bank fallen.

Er legte den Arm um mich. »Weißt, Agnes, warum ich unbedingt herkommen hab müssen zu dir?«

Ich schüttelte den Kopf.

»Ich werd eingezogen!«

»Nein!«, rief ich entsetzt. »Du bist doch erst achtzehn!« Ich wusste, dass Lennard beim Reichsarbeitsdienst und dort zur Arbeit in der Landwirtschaft herangezogen war, aber doch nicht als Soldat!

»Nein, ich muss nicht ins Gefecht. Wir vom Reichsarbeitsdienst werden jetzt auch in die Kriegsgebiete geschickt, aber nur um für den Nachschub zu sorgen und zum Schützengräben ausheben«, versuchte er, mich zu beruhigen.

Ich schwieg bedrückt.

»Aber denk dir nichts, Agnes! Der Krieg ist bald vorbei, und dann bin ich wieder da. Ich schreib dir auch!« Er sah mich eindringlich an. »Wartest auf mich, Agnes?«

Ich nickte, er gab mir nochmals einen Kuss.

Am nächsten Tag war er fort.

Gelegentlich bekam ich Briefe oder Karten von ihm, kurze Grüße meist, in denen er schrieb, dass er sich auf mich freue. Manchmal waren Stellen geschwärzt, von der Militärzensur. Ich erfuhr nie, wo genau er war und wie es ihm ging.

Der Krieg tobte immer schlimmer, oft war der Himmel von sogenannten »Christbäumen« erleuchtet, die vom Feind abgeworfen worden waren, um die Stellen zu markieren, die gebombt werden sollten.

In Homburg selbst ist glücklicherweise nichts passiert, nur ein Irrläufer schlug einmal auf einem Feld ein, entfernt vom Ort.

Wenn Fliegeralarm war, mussten die Kinder aus dem Schulgebäude und hinüber in den alten Weinkeller vom Wolz rennen. Danach waren sie so verstört und verängstigt, dass kein Unterricht mehr möglich war und Lehrer Wolz sie nach Hause schickte.

Mein Vater schaufelte auf dem Feld, nicht weit vom Haus entfernt, einen zwei Meter tiefen und sechs Meter langen Graben, der den Schützengräben glich, die er aus dem Ersten Weltkrieg kannte. »Das ist unser Bunker, und bei Fliegeralarm gehen wir da rein, sonst werden wir im Haus verschütt', wenn's getroffen wird«, sagte er. »Dann sind wir da drin sicherer.«

Er arbeitete schwer daran, die Erde wegzuschaufeln. Aus Holz baute er ein dachförmiges, einen Meter hohes Gerüst, welches er über den Graben legte und mit Grasnarben bedeckte, sodass der »Bunker« kaum zu erkennen war und als Hügel auf dem Feld durchging. Vorn befand sich ein Einstieg mit einer Leiter. Der Vater hatte schwer geschuftet, um seine Familie zu schützen.

Wir alle hatten Angst, da hineinzusteigen, aber der Vater bestand darauf. Sobald Fliegeralarm ertönte, mussten wir in das Erdloch und saßen dort, eng aneinandergedrückt. Ich hab oft g'meint, keine Luft mehr zu kriegen da drin, und wär lieber im Haus geblieben.

Es wurde Herbst, der Winter stand vor der Tür, und ich besaß keinen Wintermantel. Da ergatterte die Mutter beim Bürgermeister, unserem Onkel, einen Bezugsschein und fuhr mit mir mit dem Bus nach Aschaffenburg. Dort bekam ich einen blauen Wintermantel, meinen ersten eigenen Mantel, denn sonst hatte ich immer die alten auftragen müssen. Ich war ungeheuer stolz auf das schöne Stück.

Am Abend ertönte Fliegeralarm, und wir mussten hinaus in den Bunker. Da meinte die Mutter: »Agnes, zieh dein' Mantel an! Wenn das Haus zerbombt und runtergebrannt ist, dann ist auch der neue Mantel hin!«

Also zog ich den Mantel an und stieg hinab in die Grube.

Am nächsten Tag, einem Sonntag, ging ich stolz im neuen Mantel in die Kirche. Die anderen Mädchen umringten mich neugierig und sicher auch ein wenig neidisch, denn solch einen schönen Mantel hatte kaum eine von ihnen.

Plötzlich sagte eine hämisch zu mir: »Was willst denn mit dem Mantel? Der ist hinten voller Dreck!«

Was hab ich mich g'schämt! Ich hatte in all der Aufregung nicht bemerkt, dass der Mantel hinten voller Erde vom Bunker war.

Nach dem Krieg ist der Bunker wieder zugeschüttet worden, und heute steht dort das Haus, in dem ich wohne.

Not litten wir während des Kriegs keine, auch nicht in der Nachkriegszeit, die viel schlechter als die Kriegszeit war. Dank der guten Erträge der Landwirtschaft hatten wir immer genug zu essen, auch wenn rationiert wurde und man abgeben musste.

Je länger der Krieg andauerte und je mehr Städte bombardiert worden waren, desto mehr Flüchtlinge kamen aus den Städten zu uns. Auch bei uns war eine Frau aus Pirmasens mit zwei Kindern einquartiert. Da hieß es, noch enger zusammenzurücken, als wir es ohnehin schon mussten, denn so groß war unser Haus nicht, und wir Mädla mussten ohnehin schon zu zweit und zu dritt in einem Zimmer schlafen.

Um die Jahreswende 1944/45 hätte eigentlich jedem klar sein müssen, dass der Krieg verloren war, auch wenn im Winter 1945 über die Volksempfänger noch immer täglich der nahende Endsieg verkündet wurde. Keiner glaubte mehr dran. Allein einige SS-Männer, die es auch in Homburg gab, rissen in der Wirtschaft allzu weit s'Maul auf und prahlten mit dem Endsieg.

Am 16. März 1945, kurz vor Kriegsende, wurde Würzburg von den Engländern bombardiert. Der Himmel färbte sich glutrot, Asche und verkohlte Papierfetzen wurden vom Wind bis über Homburg hinaus getragen.

Der Vater sah zu dem flammenden Inferno am Himmel und sagte: »Jetzt haben's Würzburg bombardiert. Die armen Leut' dort!«. Dann brach er in Tränen aus und barg das Gesicht in den Händen, grad geschüttelt hat es ihn. Es war das erste und letzte Mal, dass ich meinen Vater hab weinen sehen.

Doch wie schwer die Stadt getroffen war, konnten wir uns nicht vorstellen. Fünftausend Menschen haben in dieser Nacht ihr Leben verloren, neunzig Prozent der Altstadt sind zerstört worden.

Endlich, im Mai 1945, fand der Krieg ein Ende. Ich war gerade einundzwanzig Jahre alt geworden. Wir wurden der amerikanischen Besatzungszone zugeteilt – was für ein Glück, denn es gab auch Gebiete, die den Russen zufielen. Nun brach die Zeit der Entnazifizierung an. Plötzlich wollte niemand Hitler gut gefunden oder gar zur SS gehört haben – selbst diejenigen, die am Abtransport der Juden beteiligt gewesen waren, wollten plötzlich von nichts gewusst haben.

Man munkelte, dass sich frühere Waffen-SS-Leute sogar die Blutgruppentätowierung am linken inneren Oberarm selbst herausschnitten oder sich diese übertätowieren ließen, um nicht aufzufliegen, denn diese Tätowierung war ein sicherer

Beweis für die Zugehörigkeit zur Waffen-SS oder zu den berüchtigten Totenkopfverbänden. Wer das Pech hatte, mit diesem Zeichen in russische Gefangenschaft zu geraten, dem war der Tod gewiss.

Auch jener Mann, der damals das Geschäft der alten Heimanns geplündert und den Stoffballen über den Baum geworfen hatte, wollte plötzlich bei der Vernehmung vor der Spruchkammer ein überzeugter Gegner des Nationalsozialismus gewesen sein. Die Spruchkammern waren 1946 eingerichtet worden, um frühere SS-Leute und andere aktive Nationalsozialisten zu überführen, die dann mit Arbeitslager oder Gefängnis bestraft werden sollten. Doch die meisten konnten sich herausreden und wuschen ihre Hände in Unschuld. Dann bekamen sie ihren »Persilschein«, wie man die Unbedenklichkeitsbescheinigung damals nannte.

In der Nachkriegszeit ging es den Menschen, was die Ernährung anbelangte, fast sogar noch schlechter als zu Kriegszeiten. Der Schwarzmarkt blühte, auch zu uns Bauern kamen Leute, meist Städter, die wir »Hamsterer« nannten. Sie brachten alles Mögliche, was sie gegen Lebensmittel eintauschen wollten.

Flüchtlinge strömten herbei: nicht nur aus den zerbombten Städten, sondern mehr noch aus den besetzten Ostgebieten, ganze Heerscharen abgemagerter, zerlumpter Frauen und Kinder, die außer ein paar wenigen Habseligkeiten in einer Tasche, einem Rucksack oder auf einem Handkarren nichts mehr besaßen. Nicht immer wurden sie freundlich aufgenommen, jeder schaute selbst, wie er zurechtkam. Später trugen diese Flüchtlinge mit großem Fleiß viel zum Aufbau Deutschlands bei, und heute fragt keiner mehr danach, ob damals einer ein Flüchtling war oder nicht.

Mittlerweile konnten auch die wenigen Kriegsgefangenen, die in Homburg bei Bauern zur Arbeit abgestellt gewesen waren, in ihre Heimat zurückkehren. Einige von ihnen hatte man gut behandelt, manch einer pflegte zu »seiner« Familie später eine jahrelange Freundschaft. Einer dieser Kriegsgefangenen, er stammte aus Belgien, wurde später in seiner Heimat sehr erfolgreich und lud immer wieder Leute aus Homburg zu sich ein.

Andere hatten es nicht so gut getroffen: Sie bekamen wenig zu essen, durften nicht mit der Familie am Tisch sitzen, und man hörte Geschichten wie die, dass eine Bauersfrau sogar ein Haar auf ihre Seife gepappt hatte um zu kontrollieren, ob es noch da war oder der Kriegsgefangene verbotenerweise die Seife benutzt hatte.

Allmählich kamen die Männer und Söhne aus dem Krieg zurück, sofern sie denn überlebt hatten. Das war für die Familien jedes Mal eine große Freude und wurde gebührend gefeiert, zum Leid der Familien, deren Männer und Söhne gefallen waren.

Ich wartete auf Lennard. Schon lange hatte ich nichts mehr von ihm gehört, und als ich einmal seine Mutter traf, meinte die, auch sie hätte schon länger keine Nachricht mehr von ihm erhalten.

»Gefallen wird er nicht sein, dann hätt' ich doch einen Brief gekriegt!«, meinte sie bekümmert.

Aber es kam so mancher nicht zurück nach dem Krieg, von denen keine Todesnachricht gekommen war. Sie galten als vermisst, und viele dieser Schicksale sind bis heute ungeklärt.

Lennard

Die Monate und Jahre verstrichen, ohne Nachricht von Lennard.

An meinem dreiundzwanzigsten Geburtstag riefen mich meine Eltern in die Stube. Ich erschrak, als ich in ihre besorgten Gesichter sah. Hatten sie etwas von Lennard gehört? Am Ende etwas Schlimmes?

»Agnes, wir müssen mit dir red'«, begann mein Vater zögerlich.

»So geht es ned weiter«, die Mutter sah mich streng an. »Des Warten auf den Lennard, des hat keinen Sinn. Der kommt nimmer. Jetzt ist der Krieg schon zwei Jahr' vorbei, und du hast immer noch kein Wort von ihm gehört. Denk doch, Agnes! Wie soll's denn weitergehen mit dem Hof? Da g'hört ein Mann her, ein Bauer. Und Kinder! Des Leben muss doch weitergehen!«

Ich sah die beiden erschrocken an.

»Agnes! Im Dorf sind einige brave Kerle, die gern hier einheiraten täten. Ich weiß, dass der –«, beschwörte mich mein Vater.

Weiter kam er nicht, denn ich fiel ihm trotzig ins Wort: »Ich will keinen anderen als den Lennard! Und ich weiß, dass er wiederkommt!«

Der Vater seufzte. »Ich täts dir wünschen, aber ich glaab's ned.«

»Uns wärs schon recht, Agnes, wenn'sd einen Bauern aus Homburg heiraten tätst, vielleicht könnt man die Höf' sogar zusammenlegen«, sinnierte die Mutter.

»Aber ich mag nur den Lennard«, wiederholte ich standhaft.

»Ach, die Liab'«, der Vater sah mich mitleidig an. »Die Liab vergeht, aber der Hof besteht. Daran musst denken, Agnes!«

»Jetzt heiratet erst mal die Olga ihren Karl. Dann schau'n mer weiter«, beschloss die Mutter seufzend das Gespräch. Meine zweitälteste Schwester, die Olga, war mit Karl verlobt, bald sollte die Hochzeit sein.

Selbst jetzt, wo die Zeit und die Umstände noch nicht so gut waren, wurde auf eine schöne Hochzeit großen Wert gelegt. Eine Frau Brüggemann aus Triefenstein hatte für die Olga ein schönes langes Brautkleid genäht, aus dreierlei Stoffen, denn solch eine Stoffmenge, die für ein langes Kleid gereicht hätte, gab es damals nicht.

Wir bewunderten die Olga als Braut, als sie in der Kirche in Homburg mit ihrem Karl getraut wurde. Die Hochzeit wurde auf dem Hof gefeiert, mit allen Verwandten, Nachbarn und Freunden, dem Pfarrer und dem Bürgermeister. Da wollte man sich nicht lumpen lassen.

Der Metzger kam Tage vorher herauf und schlachtete ein Schwein, Nachbarinnen kamen und bereiteten das Hochzeitsessen.

Es wurde Brot gebacken und Kuchen, Krautsalat und Kartoffelklöß' wurden gemacht. Für die

Klöße rieb man rohe Kartoffeln in einen Eimer und feuerte sie mit Schwefelbändern ab, »geluht« nennt man das. Dann wurde ein Deckel draufgelegt. Das stank fürchterlich, aber die Klöß blieben schön weiß, das war der ganze Stolz der Köchin.

Wenn auch ohne Musik und Tanz, so war es doch eine schöne Hochzeit, unser erstes Fest nach dem Krieg. Am Abend fuhr das frischgebackene Ehepaar nach Mannheim, wo sie ihren Wohnsitz haben würden. Die Olga war die Erste von uns, die das Elternhaus verließ.

»Und, Agnes? Tät dir so eine Hochzeit ned g'fallen?«, fragte mich der Vater am Abend. »Ich seh doch, wie dir die Burschen vom Dorf schöne Augen machen. Du bist eine gute Partie, da tät mancher gern einheiraten bei uns. Solltest ned zu lange warten, du weißt ja, was für ein Mangel an heiratsfähigen Männern ist, jetzt nach dem Krieg, wo so viele gefallen sind.«

Ich sah ihn nur traurig an und schüttelte den Kopf.

»Geh doch mal wieder runter ins Dorf ins *Güldene Rößlein* oder in die *Krone*, da treffen sich die jungen Leut'! Ich hab sogar welche aus Dertingen g'sehen, die kommen jetzt, nach dem Krieg, auch rüber zu uns nach Homburg.«

»Aus Dertingen?« Ich sah den Vater erstaunt an. »Ihr habt doch immer g'sagt, einen aus Dertingen heiratet man ned, noch dazu, wo die evangelisch sind.«

»Na ja, jetzt hat sich halt vieles verändert.« Er zog die Augenbrauen hoch und grinste schelmisch.

»Bei den Mädla aus Dertingen, da sind ganz hübsche dabei, das hab ich neulich g'sehen. Des hätt' ich früher ned glaubt. Da könnt die eine oder die andere eine Konkurrenz für dich sein.«

Ich wusste, wie im Dorf geredet wurde: »Die Agnes Dornbusch, die ist so stolz, wie ihre Mutter war, die Dora Wolz. Die soll schauen, dass sie ned eine alte Jungfer wird, schließlich ist die schon dreiundzwanzig!« Damals heiratete man jung, anders als es heute üblich ist.

Ich wusste, allzu lange konnte ich nicht mehr warten, der Druck vonseiten der Eltern wurde immer größer.

Ein langer, kalter Winter verging, und der Frühling nahte. Das Herz war mir schwer. Ich sah die erwartungsvollen Blicke der Eltern und auch die begehrlichen der jungen Männer. Vor allem einer machte mir den Hof, er wäre keine schlechte Partie und auch die Eltern wären mit ihm einverstanden gewesen.

Ich wusste, ich musste mich entscheiden. Der Vater wirkte matt und abgeschlagen, auch wenn er versuchte, sich das nicht anmerken zu lassen und die Mutter: Nach sieben Schwangerschaften und Geburten und der vielen Arbeit war auch sie erschöpft und müde. Man sah es ihr an, wenn sie über den Hof schlurfte. Ein Mann musste auf den Hof, es war dringend notwendig, keine Frage.

Obwohl ich noch jung war, wuchs auch mir die Arbeit über den Kopf, denn immer mehr wurde mir aufgetragen. Die Geschwister waren keine große Hilfe. Die beiden Älteren, Luitgard und Olga, waren mittlerweile nicht mehr hier, und die Amalie und die Therese waren auch schon in Stellung. Die Jüngste, die kecke Thekla, wurde zwar zur Arbeit eingespannt, aber auch sie trachtete danach, von zu Hause wegzukommen.

Am Sonntag, nach dem Kirchgang, kam der Georg aus Lengfurt auf mich zu –. Er war einer von denen, die mir schöne Augen machten. Er war ein anständiger Kerl, war im Krieg am Bein verletzt worden, was man ihm aber kaum anmerkte.

»Agnes«, er druckste verlegen herum. »Hast ned mal Lust, mit mir zum Tanzen z' geh'n?«

Verlegen sah ich zur Seite, erwiderte aber nichts.

»Ich mein … ich weiß, dass'd auf den Leonhard Schäfer wartest. Aber ich glaub, der kommt nimmer.« Mitleidig sah er mich an.

Ich seufzte tief. »Ich weiß ned. Sei Mudder weiß auch nix von ihm.«

»Siehst, Agnes. Weißt, das Leben muss weitergehen, und du …, du hast mir schon immer g'fallen.« Er wurde rot bis über beide Ohren.

Ich sah ihn an. »Ich glaub, dass der Lennard noch kommt«, sagte ich mit fester Stimme.

Mutlos ließ er die Schultern sinken. »Aber gell, du weißt schon, Agnes, dass ich dich gern hab? Ich möchte heiraten und eine Familie gründen, und zwar bald, am liebsten mit dir!«

Am Abend, nach dem Essen und Abspülen, zog ich meinen blauen Mantel und die festen Schuhe an.

»Wo willst hin, Agnes?«, fragte meine Mutter überrascht.

»Ich will noch mal zum Weinberg, schau'n, ob alles in Ordnung ist.«

Sie schüttelte den Kopf. »Da ist alles in Ordnung, wir waren doch erst am Nachmittag dort.«

Das wusste ich auch, aber mir war nach Ruhe zum Nachdenken, und die fand ich am besten im Weinberg. Da setzte ich mich oft auf eines der Weinberg-Mäuerle und träumte vor mich hin.

Es war im Frühjahr, wir hatten gerade begonnen, die Weinstöcke zu schneiden und anzubinden, damit war die erste schwere Arbeit getan.

Wie so oft setzte mich auf eines der oberen Mäuerle, sah hinunter auf Homburg und genoss die letzten wärmenden Strahlen der untergehenden Sonne. Georgs Worte gingen mir nicht mehr aus dem Sinn. Er war ein anständiger Mensch und fleißig war er auch. Den Eltern tät er als Schwiegersohn sicher gefallen, das wusste ich und ich wusste auch, dass ich mich entscheiden musste. Ewig konnte ich nicht mehr warten. Aber der Georg war halt nun einmal nicht der Lennard.

Aber tät der Lennard mich wirklich wollen, wenn er wiederkäm'? Er hatte mich doch nur einmal geküsst, kurz bevor er fortmusste. Ich stützte die Arme auf die Knie und ließ den Kopf sinken. Da hörte ich einen kurzen Pfiff und schaute auf.

Unten am Berg sah ich einen Mann auf mich zukommen, der mir zuwinkte. Wer war das? Der Georg? – Nein! Der war kleiner und dicker.

Erst als die Gestalt näher kam, erkannte ich, wer es war. Es war Lennard!

Doch wie er aussah! Abgemagert, das Gesicht eingefallen, unrasiert. Aber es war Lennard, mein Lennard!

»Agnes!«, rief er schon von Weitem.

Ich lief ihm entgegen, den Berg hinunter und ließ mich in seine ausgebreiteten Arme fallen.

»Agnes!« Er umarmte mich, wollte mich gar nicht mehr loslassen und stammelte: »Hab ich dich doch gefunden!«

»Lennard! Ich hab nimmer 'glaubt, dass 'd noch kommst!«, schluchzte ich.

Er wiegte mich sachte in den Armen und sagte nichts.

Endlich machte ich mich los und sah ihn genauer an. Wie dünn er war, ungepflegt und offensichtlich todmüde. Doch er strahlte mich an. »Wo warst denn so lang?«, fragte ich fast vorwurfsvoll.

»In Gefangenschaft. Aber mein einziger Gedanke war, dass ich heim zu dir muss, Agnes! Bin ich … bin ich zu spät gekommen?« Fragend sah er mich an.

Ich schüttelte den Kopf. »Nein, bist noch nicht.«

»Gott sei Dank«, murmelte er. »Sonst wär alles umsonst gewesen.«

Wir setzten uns auf das Mäuerchen, die Sonne war fast untergegangen, und es wurde kühl, aber in seinen Armen spürte ich die Kälte nicht. Endlose Minuten schwiegen wir, spürten nur der Wiedersehensfreude nach, dann fragte ich: »Wo warst denn so lang, Lennard? Der Krieg ist doch längst vorbei!«

Er atmete tief durch. »Zuletzt war ich in Gefangenschaft, in einem russischen Lager in der Tschechoslowakei. Dort haben wir erfahren, dass wir alle nach Russland, nach Sibirien, transportiert werden sollen. Da hab ich gewusst, wenn ich es jetzt nicht schaffe, zu fliehen, dann werd ich nie mehr heimkommen.« Er sah zu Boden. »Da war ein Kamerad aus Veitshöchheim, der Herbert. Mit dem hab ich mich angefreundet, der wollt auch weg. Wir haben gewusst, wie gefährlich das werden tät. Hätten die uns erwischt, hätten sie uns erschossen. So!« Er tat, als zielte er mit einem Gewehr auf jemanden. »So! Bumbum!«

Ich erschrak.

Er schnaufte leise. »Wir haben's geschafft, beide, der Herbert und ich. Drei Wochen waren wir unterwegs, sind nachts gelaufen und haben uns tagsüber versteckt – im Wald oder irgendwo in einer Scheune. Wir haben eine Riesenangst gehabt, dass uns jemand verpfeift und wir zurückmüssen.«

»Aber jetzt doch nimmer, Lennard, der Krieg ist doch schon fast drei Jahr vorbei!«

»Ach, Agnes, du weißt ned, wie die Menschen sind. Im Grunde ist keinem zu trauen.« Er schwieg. Dann fuhr er fort. »Zuletzt sind wir auf einen Zug aufgesprungen, da waren wir schon im Fränkischen. Kurz hinter Würzburg sind wir wieder abgesprungen. In der Nähe war eine Waldwirtschaft, in die sind wir rein, haben's einfach probiert, wir hatten Hunger. Angst haben wir auch gehabt, aber der Wirt war nett. Als er uns gesehen hat, hat er gemeint: ›Oh je, da kommen noch zwei späte

Heimkehrer. Da setzt euch her und esst und trinkt erst einmal!‹ Dann hat er zu seiner Frau g'sagt: ›Maria, bring Kleider von unserem Bua, die können die zwei gut brauchen.‹ Und zu uns hat er gesagt: ›Unser einziger Bua ist in Stalingrad g'fallen. Wir haben bis jetzt alles von ihm aufgehoben. Aber wofür?‹

Ich hab die Tränen in seinen Augen g'sehn, als er uns das erzählt hat. Dieser Scheißkrieg!« Lennard ballte die Hände vor Wut zu Fäusten, schluchzte auf, dann erzählte er weiter.

»Wir konnten uns dort waschen und die Sachen anziehen, dem Herbert hat alles gut gepasst, aber mir!« Er lachte und streckte die Arme mit den viel zu kurzen Ärmeln aus. »Mir sind die ein bissla zu klaa, aber das macht nix. Hauptsach', ich komm ned mit der Sträflingskleidung daher.«

»Des wär mir egal g'wesen, Lennard. Hauptsach', dass du wieder da bist!« Ich schmiegte mich an ihn.

Es war inzwischen dunkel geworden und kalt, ich wusste, die Mutter machte sich Sorgen, weil ich noch ned daheim war. Langsam ging ich, Hand in Hand, neben Lennard den Weinberg hinunter.

»Kommst noch mit heim?«, fragte ich zaghaft.

Er schüttelte den Kopf. »Ich will heim zur Mutter, die weiß ja noch gar nix von ihrem Glück.« Er lachte verschmitzt. »Aber ich komm morgen rauf zu euch.«

Zum Abschied umarmte er mich, drückte mich an sich und gab mir einen Kuss. Es war der zweite Kuss in meinem Leben.

Als ich mich dem Hof näherte, sah ich, dass in der Küche noch Licht brannte. Zu gern hätte ich mich leise hineingeschlichen, hinauf in mein Zimmer, aber das ging nicht. Die Eltern warteten auf mich, das wusste ich.

Ich ging in die Küche, und bevor die Mutter noch etwas sagen konnte, rief ich: »Der Lennard ist wieder da!«

Die Mutter sah mich verblüfft an. »Was? Der Lennard ist da?«

»Ja, ich hab ihn im Weinberg getroffen! Er ist wieder daheim, war in Kriegsgefangenschaft.« Meine Augen müssen gestrahlt haben.

»Hast es also erwarten können«, meinte die Mutter nur. »Und wo ist er jetzt?«

»Heim zu seiner Mutter, die weiß noch von nix. Aber morgen kommt er her.«

Meine Mutter atmete tief durch, sagte aber nichts.

Doch mein Vater meinte: »Dann ist alles gut, Hauptsach, der Bua ist wieder dahaam.«

Als ich endlich im Bett lag, konnte ich es immer noch nicht fassen. Der Lennard war wieder da! Gottlob hatte ich auf ihn gewartet!

Am nächsten Tag konnte ich mich kaum auf die Arbeit konzentrieren. Der Vormittag verging, Lennard kam nicht. Gewiss würde er zum Mittagessen kommen, doch er ließ sich nicht blicken. Den lässt sicher seine Mutter ned los, dachte ich bei mir, er wird am Abend vorbeikommen. Der Abend kam, doch kein Lennard.

Ich sah die fragenden Blicke meiner Eltern, und als ich mir nach dem Abendessen meinen Mantel anzog, um mich auf den Weg zu den Schäfers zu machen, meinte meine Mutter: »Des tät ich ned, Agnes! Des hast du ned nötig!«

Ich gab keine Antwort und rannte den Wiesenpfad hinunter ins Dorf.

Als ich bei den Schäfers ins Haus trat, kam mir mit verweinten Augen Lennards Mutter entgegen. »Dass'd nur da bist, Agnes!«, rief sie.

»Was ist los? Was ist mit dem Lennard?« Es schnürte mir schier die Kehle zu vor Angst.

»Der Lennard ist heut z'sammen'brochen, gleich nach dem Essen. Er wollt zu dir rauf. Vielleicht waren ihm die Aufregung und das Essen zu viel.« Bekümmert sah sie mich an.

»Und? Wo ist er jetzt?« Ich geriet in Panik.

»Der Doktor hat ihn mit den Sanitätern ins Krankenhaus nach Aschaffenburg bringen lassen!«

»Nein!«, rief ich entsetzt.

»Er meint, des wird bald wieder, der Lennard bräucht erst mal Ruh und muss zu Kräften komm'. Des war doch alles zu viel für ihn, auch wenn er noch jung ist. Aber er hat noch einen Zettel für dich g'schrieben, den soll ich dir geben. Ich hätt ihn noch raufbracht zu euch, aber jetzt bist ja da.« Sie zog einen zusammengefalteten Zettel aus einer Schublade und gab ihn mir.

Ich steckte ihn in die Manteltasche und verabschiedete mich.

Draußen, unter einer der spärlichen Laternen, las ich, was Lennard geschrieben hatte:

Liebe Agnes,
es tut mir leid. Falls es geht, freu ich mich, wenn
du mich im Krankenhaus besuchst. Aber ich bin
bald wieder da.
Dein Lennard

Darunter hatte er ein Herz gemalt.

Am nächsten Tag, ganz in der Früh, machte ich mich mit dem Fahrrad auf den Weg nach Aschaffenburg.

»Du wirst doch ned mit dem Rad bis nach Aschaffenburg fahren?«, rief die Mutter ungläubig aus. »Da bist ja fünf bis sechs Stunden unterwegs, und das für nur eine einfache Strecke! Und dazu musst noch durch den Spessart!«

»Doch! Ich fahr!«, beharrte ich und schwang mich auf das Rad.

Gottlob war an diesem Tag schönes Wetter. Trotzdem musste ich kräftig in die Pedale treten, um die lange Strecke mit dem alten Rad zu schaffen.

Noch nie zuvor war ich in Aschaffenburg gewesen. Ich musste mich durchfragen, bis ich endlich im Krankenhaus ankam und zu Lennards Krankenstube vorgelassen wurde. Dort lag er mit zwölf anderen Patienten.

Ich konnte ihn erst gar nicht sehen, doch er rief mich gleich zu sich. Neben seinem Bett stand ein Ständer mit einer Glasflasche, von der ein langer Schlauch hing, der in einer Nadel endete, die in Lennards Arm steckte.

»Des ist eine Infusion«, erklärte mir Lennard. »Der Arzt meint, ich wär ganz ausgetrocknet und deshalb krieg ich so eine Lösung, weil ich doch viel zu wenig getrunken hab die letzte Zeit. Ich werd schnell wieder auf den Beinen sein, Agnes.«

Ich setzte mich an sein Bett und nahm seine Hand. »Du hast mir vielleicht einen Schrecken eingejagt, Lennard!«

Er lächelte still. »Ich weiß, des wollt ich ned. Plötzlich bin ich umg'fallen.« Unverwandt sah er mich an, als könne er nicht glauben, dass ich da sei. »Wenn ich wieder g'sund bin, Agnes, dann heiraten wir. Wenn du mich willst, mein ich«, fügte er schnell hinzu und sah mich hoffnungsvoll an.

»Und wie ich will, Lennard!« Ich beugte ich mich zu ihm hinunter und küsste ihn. Selig sah er mich an und drückte mir die Hände.

Ich merkte nicht, wie die Zeit verflog, als ich verliebt bei ihm am Bett saß, bis Lennard mahnte: »Agnes, es ist spät g'worden. Ich will ned, dass du jetzt noch heimfährst mit dem Rad über den Spessart. Kannst ned hier in Aschaffenburg irgendwo übernachten und dich morgen auf den Rückweg machen?«

Ich schrak hoch. »Nein, das geht ned, Lennard. Zum einen hab' ich ned so viel Geld, dass ich mir des leisten könnt, und was glaubst, wie sich die Eltern sorgen täten, wenn ich ned heimkomm!«

Es gab zwar Telefonapparate zu der Zeit, aber beileibe nicht jedes Haus hatte einen. Wir auf dem Hof jedenfalls nicht.

Lennard seufzte. »Ich hab auch kein Geld, dass ich dir aushelfen könnt'. Aber der Gedanke, dass du allein ...« er verstummte.

»Mach dir keine Sorgen. Ich schaff das«, versuchte ich, ihn zu beruhigen, aber ganz wohl war mir nicht beim Blick nach draußen. Es war zwar noch nicht ganz dunkel, doch es regnete. Es würde keine schöne Fahrt werden, vor Mitternacht würde ich wohl kaum zu Hause sein.

Kurz darauf schwang ich mich aufs Fahrrad. Anfangs ging es noch ganz gut, doch dann kam ich in den Wald, und das Wetter wurde schlechter. Es stürmte und rauschte in den Baumkronen, dass mir ganz unheimlich zumute wurde, das Licht an meinem Fahrrad war nur eine schlechte Funzel.

Als die Steigung zu stark wurde, musste ich mitten im Wald absteigen und das Rad schieben. Die Straße war nur noch eine schmale, schlecht ausgebaute Straße. Plötzlich hörte ich, wie sich ein Wagen näherte. Um diese Zeit! Mir wurde angst und bange. Jäh fiel mir ein Erlebnis von vor einigen Jahren ein, als der Krieg noch nicht vorüber gewesen war.

Ich hatte damals meine Freundin Anna in der Unterstadt besucht. Wie das bei jungen Mädchen so ist, hatten wir uns verplaudert, und es war dunkel geworden. Auch in Homburg musste nachts verdunkelt werden, wegen der Fliegerangriffe. Kein Licht brannte draußen, alles war finster.

»Ich geh mit dir zusammen heim, Agnes«, hatte die Anna damals sorgenvoll vorgeschlagen.

»Geh, Anna! Dann musst ja du allein zurück, oder ich müsst wieder mit runtergehen«, ich lachte. »Ich schaff des schon, schau, der Mond leuchtet mir.« So trat ich den Rückweg durch die Unterstadt in Richtung Wiesenweg an, zu unserem Hof.

Alles war still, kein Mensch auf der Straße unterwegs. Ich war noch nicht allzu weit gekommen, als mich plötzlich von hinten ein Mann ansprang und mich in eine dunkle Gasse zerrte. Dort drückte er mich gegen eine Hauswand und presste sich an mich. Ich spürte seinen warmen, übel riechenden Atem im Gesicht, als er keuchte: »Jetzt hab ich dich, Agnes!« Er zerrte an meinen Kleidern, fasste mir an die Brust.

Ich fing an zu schreien, wehrte mich nach Kräften, stieß ihn von mir und trat nach ihm. Er taumelte, fiel hin, vermutlich war er betrunken. Dann rappelte er sich auf und trollte sich fluchend.

Wenn ich nicht so stark gewesen wäre, wer weiß, was mit mir geschehen wäre. Bis heute weiß ich nicht, wer der Mann gewesen ist. Auf jeden Fall kannte er mich, sonst hätte er mich nicht beim Namen genannt. Ich habe zwar einen Verdacht, aber den würde ich nicht sagen, da ich mir nicht sicher bin. Außerdem ist all das lange her.

Wie von Teufeln gejagt rannte ich nach Hause, den Hang hinauf, wo meine Mutter schon längst auf mich wartete.

»Wo bleibst denn so lang, Agnes!«, schimpfte sie. »Heutzutag, wo alles verdunkelt ist und man ned weiß, was für G'sindel sich rumtreibt!«

Sie hatte recht, aber mein Erlebnis behielt ich lieber für mich, ansonsten hätte ich von da an gar nicht mehr weggehen dürfen.

Jetzt, auf dem Rückweg von Lennard, hörte ich einen Wagen hinter mir. Hoffentlich würde der Fahrer mich nicht entdecken und an mir vorbeifahren. Ich wollte mich verstecken, doch ich war nicht schnell genug. Schon erfassten mich die Lichter der Scheinwerfer, und ich blieb stehen.

Der Wagen hielt neben mir an. Mein Herz klopfte wild vor Angst, hier würde mir weder Schreien noch Notwehr helfen.

Der Fahrer stieg aus, kam auf mich zu und schaute mich ungläubig an. »Was machst denn du da, mitten in der Nacht allein im Wald?« Er packte mich am Arm.

»Ich war bei meinem Verlobten, in Aschaffenburg«, brachte ich hervor.

»So? Bei deinem Verlobten? Des muss ja ein schöner Verlobter sein, wenn der dich allein um diese Zeit durch den dunklen Spessart fahren lässt, mit dem Fahrrad!«

»Er … er i-ist i-im Krankenhaus«, stotterte ich. »Ich hab i-ihn besucht!«

»Soso, besucht hast ihn? Und dann habt ihr ein bissla g'schmust, oder was?«

Mir war vor Angst die Kehle wie zugeschnürt.

»Na ja, des versteh ich. Bist ja ein schönes Mädla.« Er grinste.

Ich war voller Panik. Ich, allein mit einem Fremden, mitten in der Nacht, im Spessart. Schreien hätte keinen Sinn gehabt, das wusste ich. Würde der Kerl mir etwas antun? Man hatte so viel Schlimmes gehört, nicht nur zu Kriegszeiten, auch jetzt noch.

»Wo willst denn hin?«

»Nach Homburg.«

»Nach Homburg? Da hast noch einen weiten Weg. Bis nach Homburg fahr ich ned, so weit kann ich dich ned mitnehmen.«

»Ich schaff's schon allein«, meinte ich tapfer.

»Komm, häng dich hinten an meinen Hänger hin, dann zieh ich dich wenigstens den Berg mit 'nauf. Von dort droben aus kannst dann wieder selber fahren.« Er lachte, offenbar amüsiert angesichts meiner Angst, stieg aber tatsächlich wieder in sein Auto ein.

Ich stieg aufs Rad und hielt mich am Hänger seines Wagens fest. Der Mann fuhr ganz langsam und vorsichtig bis zur Bergkuppe, wo er anhielt. Immer noch zitternd, schob ich mein Rad nach vorn zu ihm. Er hatte das Fahrerfenster heruntergekurbelt. »Dank schön«, murmelte ich.

»Schon recht! Aber das machst besser nimmer, nachts so allein im Wald«, ermahnte er mich noch ein letztes Mal, bevor er wieder losfuhr.

Erleichtert atmete ich auf. Das war noch mal gut gegangen, der Mann hatte mir sogar über den Berg geholfen. Von jetzt an ging es überwiegend bergab, zwei Stunden später war ich daheim.

Mein Vater stand im Hof, als ich ankam. Man sah ihm die Erleichterung an, dass ich wieder daheim war. »Ich wollt grad die Küh einspann' und nach dir suchen, Agnes!«, meinte er vorwurfsvoll. »Gott sei Dank bist da!«

Da beschloss ich, ihm lieber nichts von meinem nächtlichen Abenteuer im Wald zu erzählen.

»Ach was, Vater! Brauchst dir keine Sorgen machen, es ist ganz gut gangen«, tat ich seine Sorge leichthin ab, doch mit weichen Knien schob ich mein Rad in die Scheune.

Zwei Wochen später war Lennard wieder daheim und kam zu mir auf den Hof. Der Vater sah ihn schon von Weitem kommen und begrüßte ihn.

»Lennard! Gut, dass'd da bist! Ich hoff', es geht wieder besser!«

Jetzt kam auch meine Mutter aus der Tür. »Lennard!« Sie trocknete die nassen Hände an der Schürze und gab ihm die Hand. »Dass'd nur da bist! Wie geht's dir denn?«

»Schon wieder ganz gut!« Lennard grinste.

Endlich saßen wir in der Stube und die Mutter brachte Malzkaffee und frisch gebackene Schmalznudeln herein. Mit Heißhunger machte sich Lennard darüber her.

»Wieso bist denn erst so spät nach dem Krieg wieder'komm'?«, fragte der Vater, obwohl ich ihm schon alles erzählt hatte.

»Ich war in Gefangenschaft, in der Tschechei, bei den Russen. Ich hab' Glück gehabt, dass ich nicht nach Sibirien gekommen bin. Dann hätt' ich es nimmer geschafft hierher.« Er grinste.

»Und? Haben's dich freig'lassen?«, fragte der Vater interessiert.

126

Lennard schüttelte den Kopf. »Ich bin abgehauen, mit einem Kameraden, aus Veitshöchheim.«

»Abg'hauen bist? War das ned g'fährlich?«, fragte der Vater.

»Es hätt uns das Leben kosten können, aber wir haben Glück g'habt, der Herbert und ich. Drei Wochen waren wir unterwegs, haben uns durchgeschlagen, immer voller Angst, dass wir doch noch verfolgt und erwischt werden. Dann haben wir einen Zug gesehen, der nach Würzburg gefahren ist. Da sind wir aufgesprungen, und als wir hinter Würzburg waren, sind wir runtergesprungen. Der Herbert ist heim nach Veitshöchheim und ich hierher. Das war dann der kürzere Weg der Flucht«, grinste er. »Aber jetzt bin ich ja da!« Er sah mich verliebt an. »Und jetzt«, er nahm meine Hand, »jetzt will ich die Agnes heiraten, wenn ihr uns euren Segen dazu gebt.«

Dass der Leonhard Schäfer doch noch aus dem Krieg heimgekommen war, verbreitete sich wie ein Lauffeuer im Ort. Nicht nur seine Mutter war überglücklich, bald wussten die Homburger, dass er in den Dornbuschhof droben einheiraten würde.

Zu seinem Kameraden, dem Herbert aus Veitshöchheim, pflegte Lennard bis zu dessen Tod viele Jahre später guten Kontakt. Es war eine schöne Freundschaft, aber leider ist der Herbert früh gestorben, er hatte sich von seiner Kriegsverletzung und von der Flucht nie ganz erholt.

Meine erste Verlobungszeit mit Lennard war nicht ganz einfach. So froh es ihn auch machte, wieder daheim zu sein, so sehr bedrückten ihn die schlimmen Erlebnisse des Krieges und der Gefangenschaft. Oft saßen wir nach der Frühjahrsarbeit im Weinberg zusammen, aber ganz entgegen seiner Art redete er nicht gern über den Krieg, wie auch die meisten anderen Männer nicht, die ihre schrecklichen Kriegserlebnisse lieber für sich behielten.

Ich brachte nur aus ihm heraus, dass er erst beim Reichsarbeitsdienst gewesen und für den Nachschub an die Front eingesetzt worden war. Zum Ende des Krieges hatte man ihn doch noch an die Front, nach Italien, geschickt, wo er, kaum dass er da war, durch einen Schulterschuss verletzt wurde.

Er zeigte mir die Einschussnarbe an der linken Schulter. »Das war mein Glück, Agnes. So bin ich ins Lazarett gekommen«, erinnerte er sich. »Dann sollte ich an die Ostfront, aber da wurde ich von den Russen in der Tschechei gefangen genommen, des war schon zu Kriegsende. Damit hab' ich wieder Glück im Unglück gehabt, wer weiß, wie es mir in Russland, an der Front, ergangen wär. Das hat ja kaum einer überlebt, diese Hölle.« Er seufzte tief. »Der Krieg, der ist ein Ungeheuer, Agnes! Dabei hab ich sicher noch weitaus weniger Schlimmes erlebt als manch anderer. Alles in allem kann ich von Glück reden, vor allem, weil ich nie in die Situation gekommen bin, dass ich auf einen hätte schießen müss'.«

Ich legte den Arm um ihn. »Jetzt ist alles vorbei, Lennard, jetzt kommt eine neue Zeit. Von jetzt an geht's wieder aufwärts!«

Er nickte, aber ich fühlte, dass ihn irgendetwas bedrückte.

Lennard hatte wieder Arbeit in der Homburger Papiermühle gefunden, doch täglich kam er abends zu uns auf den Hof. Mit der Zeit päppelte ich ihn wieder auf, und er bekam wieder Farbe im Gesicht.

»Ich mach jetzt den Führerschein, Agnes«, sagte er eines Abends. »Das ist heutzutag nötig, jetzt, wo alle mit Autos rumfahren. Das ist die Zukunft. Vielleicht bringt mir das eine bessere Arbeit als die in der Fabrik.«

»Aber was willst denn anderes arbeiten?«

»Mit einem Führerschein find ich immer was«, war Lennard überzeugt. »Da brauchst dir keine Sorgen machen!«

Obwohl wir verlobt waren, wachte die Mutter mit Argusaugen über uns. Wenn Lennard einmal länger bei uns in der Stube saß und sie ins Bett ging, ließ sie das Licht brennen, bis sie hörte, dass er ging und ich hinauf in mein Zimmer schlich. Erst dann machte sie die Lampe aus. Dass Lennard vor der Hochzeit bei mir geschlafen hätte, das wäre undenkbar gewesen!

Ordnung und Sitte musste sein!

Bremen

»Jetzt ist genug geleget worden, jetzt wird geheirat'«, meinte mein Vater eines Tages rigoros, und so hielten Lennard und ich im November 1949 Hochzeit. Ich war fünfundzwanzig, mein Bräutigam ein Jahr jünger. Traditionell wird bei uns immer mit Beginn des Frühjahres oder im späten Herbst geheiratet, wenn keine Arbeit auf dem Feld mehr zu verrichten ist.

Meine Hochzeit war mindestens genauso schön wie die von der Olga, wenn nicht sogar schöner, schließlich war ich die Hoferbin. Meine Schwestern halfen mir am Hochzeitsmorgen beim Anziehen und Frisieren. Ich trug Olgas Brautkleid und den Schleier, und alle sahen mich bewundernd an, als ich endlich fertig ausstaffiert war.

»Du bist doch die Schönste von uns«, meinte die Thekla anerkennend.

Lennard holte mich zu Hause ab, er sah wirklich gut aus in seinem dunklen Hochzeitsanzug. Als wir nach der Trauung im Standesamt vor dem Altar unserer Burkarduskirche standen und das Ehegelübde ablegten, war ich aufgeregt und stolz, vor allem aber glücklich. Nach dem Standesamt und der kirchlichen Trauung wurde daheim gefeiert, das hat sich die Mutter nicht nehmen lassen.

An das Hochzeitsessen erinnere ich mich noch gut. Die Mutter hat es mit den Nachbarinnen zubereitet, das gehört sich so bei uns: Als Auftakt gab es Hochzeitssuppe – eine kräftige Fleischbrühe mit Grieß- und Leberklößchen – dann, aus dem gleichen Teller, gekochtes Rindfleisch mit frisch geriebenem Meerrettich und Brot. Für den nächsten Gang kamen flache Teller auf den Tisch mit Schweinebraten, geschwefelten Kartoffelklößen und Krautsalat. Später wurde Kaffee ausgeschenkt, und es gab verschiedene Kuchen, welche die Nachbarinnen gebacken hatten. Natürlich durfte der »Blaatz« mit Ribeles, Streuseln, nicht fehlen. Er wird zu allen Gelegenheiten gebacken, bei freudigen und traurigen Anlässen. Musik oder gar Tanz hatten wir nicht, und auch keine Flitterwochen. Am nächsten Tag wurde wieder gearbeitet, wie sonst auch, doch mit einem großen Unterschied: Jetzt war ich eine verheiratete Frau.

Vorerst hatten wir nur eine Schlafkammer im Haus, bis wir uns eine eigene Wohnung im Haus ausgebaut hätten. Nun musste die Mutter nicht mehr über mich wachen, jetzt war ich Lennards Frau, und er schlief bei mir in der Kammer.

Lennard arbeitete weiter in der Papierfabrik, mittlerweile als Fahrer, und wenn er heimkam, ging es gleich weiter mit der Arbeit am Hof, im Wald oder im Weinberg. Ich spürte, dass er nicht glücklich war, irgendeine mir unerklärliche Unruhe nagte an ihm.

Meine Schwester Amalie war inzwischen ausgezogen und hatte eine Stelle in Bremen angenommen, im Haushalt einer Fabrikantenfamilie. Ich wusste gar nicht genau, wo Bremen eigentlich lag – am Ende der Welt, wie mir schien.

Eines Tages meinte Lennard: »Agnes, sollen wir nicht auch nach Bremen ziehen? Von der Amalie weiß ich, dass dort eine Stelle als Privatchauffeur des Fabrikanten frei wird, so eine Arbeit tät mir gefallen. Eigentlich will ich aus Homburg weg!«

Ich starrte ihn entgeistert an. »Nach Bremen? Aber warum? Und wer macht dann die Arbeit hier am Hof?«

»Du hast lang genug als unbezahlte Dienstmagd hier geschuftet, und ich bin kein Bauer. Die Landwirtschaft wirft immer weniger ab, und man ist auf einen Nebenverdienst angewiesen. Schließlich wollen wir Kinder, oder nicht?«

»Natürlich will ich Kinder, drei will ich! Aber das hier, das ist meine Heimat, Lennard.«

»Das weiß ich doch. Aber weißt, durch den Krieg hab ich gesehen, dass es auch anderswo schön sein kann, ned nur hier in Homburg. Ich möchte weg von hier.« Er hielt kurz inne. »Weißt, neulich war ein fremder Mann bei meiner Mutter und hat sich nach mir erkundigt, das hat mir gar ned gefallen.«

»Was wollt er denn?«

»Ich weiß ned, er hat es der Mutter ned sagen wollen.«

»Vielleicht war's ein Kriegskamerad von dir, der dich besuchen wollt'?«

Lennard schüttelte den Kopf. »Ich hab nur Kontakt zum Herbert aus Veitshöchheim.«

»Dann halt ein anderer. Oder was glaubst du?«

»Ich weiß ned, aber ich bin ja geflohen aus dem Lager, wer weiß, vielleicht sind die noch hinter mir her.«

»Geh, Lennard, des glaab ich ned«, ich schüttelte den Kopf. »Der Krieg ist längst vorbei, und das Lager in der Tschechei ist sicher aufgelöst.«

»Mhm, das mag schon sein, aber die Kameraden von damals, die sind vielleicht nach Russland oder Sibirien verlegt worden.« Er wirkte bekümmert. »Ich möchte weg von hier. Vielleicht haben wir in Bremen eine bessere Chance als hier in Homburg.«

Nach Bremen? Das wär' ein ganz anderes Leben! Wie oft hatte ich die Luitgard und die Olga darum beneidet, dass sie von zu Hause weggekommen waren. Jetzt hätte ich die Gelegenheit, und dazu nicht alleine, sondern gemeinsam mit meinem Mann! Ich war unsicher, willigte aber ihm zuliebe ein. Was würden wohl die Eltern dazu sagen?

»Das lass meine Sorge sein, ich werd' mit ihnen reden«, versuchte Lennard, meine Bedenken zu zerstreuen. »Ich wünsch mir so sehr, dass wir zusammen leben, aber nicht in einem einzelnen Zimmer im Haus deiner Leut'.«

An einem der nächsten Tage redete der Lennard mit der Mutter und dem Vater. Ich stand unsicher daneben, betreten sah ich zu Boden.

»Ihr wollt weg vom Hof? Weg aus Homburg?« Mein Vater sah uns ungläubig an. Er selbst war sein ganzes Leben über in Homburg gewesen.

»Wie soll es denn dann weitergehen bei uns?«, schaltete sich meine Mutter ein.

»Ich bin kein Bauer, und ich will auch ned, dass meine Frau ewig als unbezahlte Dienstmagd arbeiten muss! Ich werd genug Geld für meine Familie verdienen. Und die Landwirtschaft muss halt verkleinert werden, sodass es für euch reicht. Die Therese und die Thekla sind ja auch noch da und können helf'.«

»Die Therese und die Thekla«, schnaubte meine Mutter. »Die ersetzen uns keine Agnes! Die kosten nur Geld. Und so schlecht ist es der Agnes ned ergangen bei uns.«

Jetzt regte sich Widerstand in mir. Ich dachte an all die schwere Arbeit, die ich in den vielen Jahren geleistet hatte, ohne Lohn. Um jedes bisschen Taschengeld, um jedes einzelne Kleidungsstück oder ein Paar Schuhe hatte ich betteln müssen, während es den jüngeren Schwestern, die sich längst nicht so eingesetzt hatten, viel besser ergangen war. Kaum einmal war es vorgekommen, dass ich ein Lob oder eine kleine Anerkennung bekommen hatte.

»Willst denn wirklich weg nach Bremen, Agnes? Du bist doch dem Vater sein Bua«, versuchte meine Mutter missmutig, mich umzustimmen.

»Ich bin ned dem Vater sein Bua, ich bin dem Lennard sei Frau!«, brach es aus mir heraus. »Und ich geh mit ihm nach Bremen!«

Die Würfel waren gefallen, auch wenn es mich schmerzte, die Heimat und die Eltern zu verlassen.

Bald darauf fuhr Lennard mit dem Zug nach Bremen, ich sollte nachkommen, wenn er sich etwas eingelebt hätte. Die Wochen, bis es endlich so weit war, zogen sich dahin. Die Mutter jammerte und lamentierte, Vater seufzte, auch wenn er mir keine Vorwürfe machte, und ich war mehr als unsicher, ob meine Entscheidung richtig war.

Doch endlich war der Tag der Abreise gekommen. Ich stand mit meinem Köfferchen, viel hatte ich nicht bei mir, am Bahnhof in Würzburg und stieg in den Zug, der mich nach Bremen bringen sollte.

So eine Zugfahrt seinerzeit ist nicht zu vergleichen mit heute. Viele Schienenstrecken waren nach dem Krieg noch nicht wieder ausgebaut. Ich musste mehrmals aussteigen, umsteigen, wurde per Bus weitergekarrt oder musste Strecken bis zum nächsten Anschluss zu Fuß gehen. Lennard hatte mir in einem Brief genauestens geschrieben, wie ich am besten vorwärts käme.

Für mich, die ich außer mit dem Rad oder dem Kühgespann noch nie weiter als nach Würzburg oder Aschaffenburg gekommen war, war die Reise das reinste Abenteuer und eine ungeheure Anstrengung. Endlich, nach über vierundzwanzig Stunden, kam ich in Bremen an.

Lennard stand am Bahnhof. Er trug eine dunkle Uniform und eine Chauffeurmütze auf dem Kopf. Ich erkannte ihn kaum wieder, so elegant sah er aus.

Glücklich zog er mich in die Arme. »Endlich bist da, Agnes. Ich hab schon so Zeitlang nach dir g'habt!«

Er führte mich nach draußen zu einem schwarzen, großen Auto, einer Limousine. Welche Marke es war, weiß ich nicht mehr, aber ich hatte noch nie ein so schönes Auto gesehen.

Galant öffnete er mir die Beifahrertür. »Der Chef hat mir erlaubt, dass ich dich mit seinem Wagen abhol', Agnes!« Lennard strahlte über das ganze Gesicht. »Es sind sehr nette Leut', aber sie erwarten, dass alles perfekt läuft. Ich muss immer pünktlich und adrett sein, verstehst?«

»Adrett?«

»Ja, ich mein, meine Uniform und das Hemd müssen immer picobello sein. Aber des machst du ja, Agnes, gell?«

Ich nickte nur. »Und wo fahren wir jetzt hin?«

»In unsere Wohnung! Wir haben auf dem Betriebsgelände, in der Rheinstraße, eine Dienstwohnung. Schlafzimmer, Wohnzimmer, Küche und Bad. Alles fertig eingerichtet. Die wird dir gefallen.«

Wir fuhren durch die fremde Stadt. Mir erschien alles grau, viele Gebäude waren noch Ruinen aus dem Krieg, manches wurde bereits aufgebaut.

»Am Wochenende, wenn ich frei hab, fahren wir raus zum Hafen, da wirst du staunen. Dann siehst du das Meer.«

Ich war verwirrt und verängstigt wegen all der vielen Eindrücke, die auf mich einstürmten. Wir bogen in eine Werkseinfahrt ein, Lagerhalle reihte sich an Lagerhalle. Endlich hielt Lennard vor einem mehrstöckigen Haus.

»Schau, da droben im ersten Stock, da ist unsere Wohnung.«

Ich sah an der grauen Fassade hinauf, an den vielen Fenstern, die alle gleich aussahen, und mir wurde bang ums Herz.

Doch die Wohnung war schön, Lennard führte mich stolz herum. Ganz andere Möbel als daheim standen hier, und es gab ein eigenes Bad, wie ich es noch nie gesehen hatte – mit fließend kaltem und warmem Wasser!

Auf dem Tisch im Wohnzimmer stand ein Blumenstrauß. »Den hab ich für dich gekauft, auf dem Markt.« Lennard nahm mich in die Arme und küsste mich. »Willkomm' in unserem neuen Leben, Agnes!« Er führte mich in die kleine Küche. »Jetzt machst dir erst mal einen Kaffee und ruhst dich aus. Ich muss wieder zum Dienst, der Chef wartet nicht gern! Und heut Abend kommt die Amalie, die freut sich schon, dich zu sehen.«

Als Lennard weg war, ging ich nochmals durch die Wohnung. Ich öffnete alle Schränke und inspizierte die Küche, dann packte ich meinen Koffer aus und verstaute meine Siebensachen im Schrank im Schlafzimmer, in dem schon Lennards wenige Kleider hingen. Ich spähte aus dem Fenster, hinunter auf den asphaltierten Werkshof, sah Männer geschäftig hin und her eilen und entdeckte Lennards Wagen, der wegfuhr.

Plötzlich fühlte ich mich unsagbar einsam. Hier sollte ich also leben, hier, wo alles trüb und grau war? Kein bisschen Grün sah ich von hier aus. Ob die ganze Stadt so trist war? Tränen stiegen mir in die Augen, wenn ich an daheim dachte, an mein liebes Homburg mit dem Schloss, an den Main und die Weinberge auf dem Kallmuth, die ich so liebte. Wie es wohl Vater und Mutter auf dem Hof ging? Ich wusste, dass meine älteste und unverheiratete Schwester Luitgard heimgekommen war, um den Eltern zu helfen, was mich ein bisschen beruhigte.

Ich ließ mich aufs Bett fallen, obwohl es erst Nachmittag war. Das hatte ich noch nie gemacht, mich am Tag niedergelegt! Bald fielen mir die Augen zu.

Als sich Lennard über mich beugte, schreckte ich hoch. »Um Himmels willen! Hab ich geschlafen, am helllichten Tag?«

»Das macht doch nichts, Agnes! Das kannst dir jetzt öfter leisten! Und? Wie gefällt dir die Wohnung?«

»Schon schön«, sagte ich leise. »Aber's ist ganz anders als daheim.«

Lennard lachte. »Das stimmt. Du wirst dich schnell an die Stadt gewöhnen. Es gibt so viel zu sehen, die Amalie wird dir manches zeigen, wenn sie Zeit hat.«

»Wann kommt sie denn?«

»Heut ist eine Einladung bei den Herrschaften, da muss sie der Köchin helfen und servieren. Falls sie es schafft, schaut sie noch kurz vorbei, ansonsten irgendwann in den nächsten Tagen.«

Amalie kam an diesem Abend nicht, und ich war enttäuscht. Ich hätte so viele Fragen gehabt und auch ein bisschen Zuspruch gebraucht, nicht nur von Lennard. Die lange Fahrt durch das zum Teil noch sehr zerstörte Deutschland und die fremde Umgebung hatten mich sehr verwirrt.

In den nächsten Tagen versuchte ich, in meiner neuen Heimat zurechtzukommen. Lennard war viel unterwegs, und die einzigen Verpflichtungen, die ich hatte, bestanden darin, ihm jeden Tag ein frisch gebügeltes Hemd bereitzulegen, die Uniform zu bürsten und Essen zu kochen, falls Lennard heimkam. Ansonsten hatte ich frei – etwas ganz Ungewohntes für mich, die ich daheim von frühmorgens bis spätabends zu tun gehabt hatte.

Alles war fremd für mich: Die große Stadt, die mir, vor allem jetzt im Winter, trist und grau erschien. Bremen war im Krieg schwer bombardiert worden, was man an allen Ecken und Enden sehen konnte, die Altstadt und vor allem der Hafen waren total zerstört worden. Doch der Wiederaufbau hatte, wie auch in anderen Städten Deutschlands, bereits begonnen.

Viele Menschen lebten noch in Notunterkünften und Baracken, wie gut hatten wir beide es da! Trotzdem – in dieser fremden Stadt kannte ich mich nicht aus, die Leute erschienen mir gefühlskalt und unfreundlich, ganz anders als bei uns daheim. Schon die Sprache war schwer zu verstehen, für mich klang sie eher barsch und schroff.

Anfangs ging ich jeden Tag in die Stadt, wanderte durch die Straßen und über wiederbelebte Märkte, doch meist kam ich eher erschöpft als erfreut wieder in unserer Wohnung an. Da ließ ich es nach einiger Zeit und ging nur noch nach draußen, wenn es nötig war.

Gleich in den ersten Tagen fuhr Lennard mit mir zum Hafen, der im Krieg zerstört worden war und emsig wiederaufgebaut wurde. Ich sah zum ersten Mal das Meer und die großen Schiffe, eine andere Welt! Die Luft roch salzig, nach Fisch, und von den Schiffen stank es nach Öl. Es wehte ein kalter Wind, und mich fröstelte.

»Im Sommer ist's da sicher schöner«, beruhigte mich Lennard, der sah, dass es mir hier nicht gefiel. »Da gibt es garantiert irgendwo eine schöne Stelle, wo man baden kann.«

Ich dachte an den Main, in dem wir gelegentlich als Kinder geschwommen waren. Aber hier? In dieser Brühe?

Jeden Tag dachte ich an daheim, an Homburg und grübelte, wie es den Eltern wohl gehen mochte. Welche Arbeiten würden heute anstehen, was der Vater wohl auf welchem Feld pflanzen und säen würde? Vor allem beschäftigte mich der Gedanke an den Weinberg, wo jetzt doch bald die Frühjahrsarbeit mit Hacken und Schneiden in vollem Gange wäre.

Dass die Luitgard, meine ältere und unverheiratete Schwester, zu Hause eingezogen war, beruhigte mich ein bisschen. Sie würde auf jeden Fall einen großen Teil meiner bisherigen Arbeit übernehmen, und den zwei kleinen »Strenzerinnen«, der Therese und der Thekla, würde es nicht schaden, wenn sie kräftig mit anpacken mussten. Trotzdem wurde mir das Herz schwer, wenn ich an mein altes Zuhause dachte. Ich litt an Heimweh.

Gesundheitlich ging es mir auch nicht gut. Ich fühlte mich schlapp und müde, oft war mir so übel, dass ich kaum etwas essen konnte. Erst als meine Monatsregel ausblieb, wurde es mir klar: Ich war schwanger!

Als wir beim Nachtessen in der Küche saßen, platzte ich mit der Neuigkeit heraus.

Lennard ließ den Löffel fallen und strahlte mich an. »Schwanger, Agnes? Ist das wirklich wahr? Ich freu mich so! Das wird sicher ein Bua, das weiß ich genau!«

Ich schüttelte den Kopf. »Ein Bua? Wo wir daheim doch sechs Mädla sind? Na, ich bin sicher, das wird ein Mädla.«

»Ist ja auch egal, Agnes! Auf jeden Fall werden wir jetzt eine richtige Familie!«

Auch die Amalie freute sich mit uns, und wir telefonierten mit Homburg, um es den Eltern zu sagen. Telefonieren war damals keine so einfache Sache, denn natürlich besaßen wir kein Telefon, das war noch nicht in allen Haushalten so selbstverständlich wie heute. Wir mussten beim Wirt von der *Krone* anrufen und die Eltern holen lassen.

Meine Mutter, die ans Telefon kam, reagierte recht einsilbig, als sie von meiner Schwangerschaft erfuhr. »So, ein Kind kriegst, Agnes!« Das war alles, was sie sagte. Einen Augenblick später drehte sich das etwas einsilbige Gespräch schon wieder um den Hof und die Arbeit.

Es war der Mutter nicht geheuer, in einen Hörer zu sprechen und dann auf Antwort zu warten.

»Freust dich denn gar ned auf's Kind?«, fragte mich die Amalie, als wir einmal an ihrem freien

Tag unterwegs waren. »Du schaust immer so bedrückt aus! So kenn ich dich gar ned.«

»Doch, doch, ich freu mich schon auf's Kind. Aber …«, ich geriet ins Stocken.

»Was denn, Agnes? Raus mit der Sprach'!«

»Ich will ned, dass mein Kind da in der Stadt auf d' Welt kommt, verstehst des, Amalie?«

»Das versteh ich gut!«

»Ich will heim nach Homburg!« Endlich war es raus, das, was ich lange nicht hatte sagen wollen.

»Weiß es der Lennard schon?« Amalie sah mich fragend an.

Ich schüttelte den Kopf. »Naa, ich hab's bisher ned g'sagt. Du bist die Erste, der ich's sag!«

Amalie hakte sich bei mir unter. »Du, Agnes, ich sag dir auch was. Ich will auch wieder heim. Die Herrschaften, die sind zwar anständig zu mir, da darf ich ned jammern. Aber mir g'fällts da in Bremen auch ned. Die Leut', die sind so ganz anders als in Homburg. Und übrigens …«, sie sah mich an und strahlte. »Der Ernst und ich, wir schreiben uns Briefe. Er hat g'meint, ich soll zurückkommen. Wir wollen nämlich heiraten, der Ernst und ich.«

»Du und der Ernst?« Ich sah meine Schwester überrascht an. Natürlich kannte ich den Ernst, der aus Lengfurt stammte, einem Ort nicht weit entfernt von Homburg. Er war ein braver, anständiger Kerl. Gemeinsam mit seiner Mutter betrieb er eine kleine Landwirtschaft.

»Ja! Seine Mutter benzt auch schon dauernd, der Ernst soll doch mal eine Frau auf den Hof bringen.

Du weißt ja, dass sein Vater nimmer ist, und der Mutter wird die Arbeit zu viel.«

Ich sah die Amalie nachdenklich an. Ob das eine gute Wahl war? Ich hatte die Mutter vom Ernst einmal kennengelernt. Mit der ist ned gut Kirschen essen, hatte ich damals gedacht. Ob es meiner Schwester bei so einer Schwiegermutter gut gehen würde? Aber ich sagte nichts, schließlich war es der Amalie ihre Entscheidung.

Am gleichen Tag noch, beim Abendessen, fasste ich mir ein Herz und sagte Lennard, dass ich nimmer in Bremen bleiben, dass ich heim nach Homburg wolle. »Ich will mein Kind daheim auf d' Welt bringen, Lennard. So, wie meine Mutter des g'macht hat. Kannst das verstehen?« Ich sah ihn bittend an.

Er legte die Gabel weg und nahm meine Hand. »Ich hab schon g'merkt, dass es dir hier ned g'fällt, Agnes. Du lachst fast gar nimmer, seit du da bist. Schaust immer traurig und bedrückt aus. Dann wird's wohl besser sein, wenn wir wieder nach Homburg gehen.«

»Wirklich?« Ich sah ihn überrascht an. »Macht's dir nichts aus, von da wegzugehen?«

»Nein!« Er schüttelte heftig den Kopf. »So ganz ist des hier auch ned des Meinige. Die Arbeit ist gut und ich verdien ordentlich, und eine schöne Wohnung haben wir auch. Das muss man alles bedenken.«

»Aber du findest sicher daheim eine Arbeit als Fahrer, irgendwo. Und wir könnten uns im Haus bei den Eltern im ersten Stock eine kleine

Wohnung ausbauen. Weißt, Lennard«, jetzt war ich richtig in Fahrt, »die Amalie, die geht auch wieder in die Heimat. Das hat sie mir heut erzählt. Sie heiratet den Ernst aus Lengfurt, dann sind nur noch die Luitgard, die Therese und die Thekla daheim, und die werden sicher auch bald heiraten und ausziehen. Im rechten Alter dazu sind's ja. Dann ist genug Platz im Haus für uns.«

Lennard nickte. »Aber eine eigene Wohnung will ich schon, Agnes. Ich will ned immer bei deine Leut' in der Stub' rumsitz'.«

»Des will ich auch ned, Lennard. Ich sags doch, wir bauen uns eine Wohnung im ersten Stock aus, und die Mädla können, solange sie noch daheim sind, droben im Dachgeschoss schlafen.«

»Ja, dann werd ich mit dem Chef reden und kündigen. Begeistert wird er ned sein, glaub ich. Aber was sein muss, des muss sein.«

Als wir abends im Bett lagen, flüsterte ich Lennard erleichtert ins Ohr: »Ich bin so froh, dass wir bald wieder in Homburg sind, Lennard!«

Ende September sollte unser Kind auf die Welt kommen. Als der August anbrach, fuhr ich wieder zurück nach Homburg, Lennard konnte erst Anfang September nachkommen.

»Ich hab mit dem Chef geredet, Agnes. Seine Frau und er haben g'meint, dass du in deinem Zustand ned mit dem Zug so eine beschwerliche Reise machen solltest. Er hat mir ein paar Tage freigegeben, und ich bring dich mit dem Auto zurück.

144

Die Amalie kann auch gleich mitfahren. Das ist das Bequemste für euch.«

So fuhren wir drei quer durch Deutschland zurück nach Franken. Es war ein schöner Sommer – welch ein Unterschied war diese bequeme Autofahrt zu der mühsamen Zugfahrt im Winter vor ein paar Monaten!

In Homburg staunte man nicht schlecht, als wir mit dem Auto vorfuhren. Es war nicht der ganz große Wagen, in dem der Lennard immer seinen Chef chauffierte, aber auch eine schöne Limousine.

»Der Lennard scheint sich gemacht zu haben«, raunte man im Dorf, denn damals gab es noch nicht sehr viele Privatautos in Homburg. Schon ein Traktor war damals noch eine Attraktion.

Überschwängliche Gefühle waren in unserer Familie nicht üblich, aber ich sah der Mutter und dem Vater die Erleichterung an, dass ich wieder da war, auch wenn sie sich bemühten, es nicht zu zeigen.

»Seid ihr wieder da«, stellte die Mutter nur lakonisch fest, doch der Vater drückte mir die Hand, als wir in die Küche traten.

Nach ein paar Tagen machte sich Lennard wieder auf den Rückweg nach Bremen, und ich bezog unsere frühere Schlafstube.

Wenn ich abends im Bett lag und durch das offene Fenster die frische Landluft hereinströmte, war ich heilfroh, endlich in Homburg zu sein.

Jetzt schlief ich wieder wie ein Murmeltier. Morgens, wenn das Krähen des Hahnes mich

weckte, ich die vertrauten Geräusche von draußen, das gelegentliche Muhen einer Kuh oder das
Rasseln einer Kette hörte, durchströmte mich ein
warmes Glücksgefühl.

Endlich war ich wieder daheim!

Wieder daheim

Anfang September kam auch Lennard zurück nach Homburg. Er fand schnell wieder eine Anstellung in der Papiermühle, diesmal als Fahrer. Das gefiel ihm viel besser als die frühere Arbeit an der Papierpresse, wo der Papierbrei geschöpft, gepresst und gewalzt wurde und dann die Bögen zum Trocknen aufgehängt worden waren, bevor sie geschnitten wurden.

Jahre später wurde der Betrieb in der Papiermühle eingestellt. Es hat sich nicht mehr rentiert, auf die alte Art und Weise Papier herzustellen. Eine Modernisierung wäre jedoch viel zu teuer geworden. Heute ist die Papiermühle in ein Museum umgebaut worden, in dem man sehen kann, wie mühevoll Papier früher hergestellt wurde und sich sogar selbst im Papierschöpfen üben kann.

Kaum war Lennard daheim, begann er damit, unsere kleine Wohnung im ersten Stock meines Elternhauses auszubauen. Geplant waren eine große Wohnküche, ein Schlafzimmer und ein Bad.

Die Amalie, die Therese und die Thekla zogen nach oben ins Dachgeschoss. Es würde ohnehin nicht für lange Zeit sein, denn alle drei hatten schon Verehrer und planten ihre Hochzeiten.

Ich war trotz der fortgeschrittenen Schwangerschaft immer noch recht schlank, wer nicht wusste, dass ich in anderen Umständen war, hätte es nicht gemerkt. Es würde ein kleines Mädla werden, da war ich mir sicher.

Natürlich half ich zu Hause bei der Arbeit mit aus, aber nicht mehr so viel wie früher, meine Eltern hatten die Landwirtschaft verkleinert. Jetzt, wo ihre Kinder erwachsen waren und ihr eigenes Geld verdienten, war eine große Bewirtschaftung nicht mehr dringend nötig.

Gelegentlich, wenn ich auf der Hausbank saß und mich ausruhte, bemerkte ich den scheelen Blick meiner Mutter. Ich erinnerte mich, dass sie bis zur letzten Minute ihrer Schwangerschaften in Haus oder Feld gearbeitet und sich erst bei den ersten Wehen ins Bett niedergelegt hatte. Dass sich jemand in der Schwangerschaft schonte, das passte nicht in ihr Weltbild.

Als der Geburtstermin näher rückte, wollte ich zu der Hebamme gehen, die auch mich zur Welt gebracht hatte, und mich über eine Hausgeburt informieren.

Da kam ich bei meiner Mutter an die Richtige. »So eine Hausentbindung kommt ned infrage, des Getue daheim – und die Umständ! Geh in eine Klinik zum Entbinden, wie es die Olga gemacht hat! Und dass 'd es gleich weißt: Deine Kinder musst selber aufziehen, ich hab meine auch selber großzogen!«

Diese barsche Rede kränkte mich sehr. Dass die Mutter keine Hausentbindung wollte, das konnte ich noch verstehen, vermutlich hatte sie damit selbst keine guten Erinnerungen. Aber dass sie sich um ihre Enkelkinder nicht kümmern wollte, das hat mir doch wehgetan.

Aber es kam später doch anders, und sie hat ihre Enkelkinder schon mögen, auch wenn sie keine zärtliche Großmutter war, eher herb und streng, wie es halt ihre Art war.

Meine Schwester Olga hatte kurz hintereinander zwei Kinder bekommen, aber in einer Klinik entbunden. »Geh, Agnes! So eine Hausentbindung ist doch nimmer modern. In einer Klinik bist viel besser aufgehoben, und ein Arzt ist auch da, wenn irgendwas wär! Außerdem – ein paar Tage Pflege nach der Entbindung tun dir ganz gut, daheim hättest eh keine Ruh'!«

Also meldete ich mich in der Theresienklinik in Würzburg an, eine gute Entscheidung, denn die Entbindung war alles andere als einfach.

Als die ersten Wehen einsetzten, brachte mich Lennard in die Klinik. Drei Tage lang hatte ich Wehen, mal mehr, mal weniger, aber nichts rührte sich. Doch das schien in der Klinik niemanden zu stören, keiner kümmerte sich recht um mich, und ich selbst hatte keine Ahnung, ob es richtig oder falsch war, wie das vonstattenging. Es war ja mein erstes Kind.

Erst als ich spürte, wie es nass im Bett wurde, und ängstlich nach der Schwester rief, setzten sich Hebamme und Arzt in Bewegung. Die Fruchtblase war geplatzt, und jetzt war Not am Manne.

Es war keine schöne Geburt, und als ich das Kind zum ersten Mal sah, hing es wie ein schlaffer blauer Fisch über dem Arm der Hebamme, schien mehr tot als lebendig zu sein.

»Es ist ein Bub, Frau Schäfer«, sagte sie, legte das Kind aufs Bett und fing an, es zu massieren und zu bürsten. Endlich tat es seinen ersten Schrei und schnappte nach Luft. »O je, das war knapp«, meinte die Hebamme. »Der ist zu lang im Geburtskanal stecken geblieben.«

Ich erwiderte nichts, hätte mich auch gar nicht getraut, mich zu beschweren. Ich war voller Angst, als sie mir das Kind in den Arm legte. Ein Bua! Ich konnte es nicht fassen! Ich war doch so sicher gewesen, dass es ein Mädla werden würde.

Als Lennard kam, strahlte er übers ganze Gesicht. »Ich hab's dir immer g'sagt, Agnes, dass das ein Bua wird!«

Ich lächelte schwach, erschöpft von der schwierigen Geburt.

Über eine Woche blieb ich mit dem kleinen Lothar, wie wir unseren Erstgeborenen nannten, in der Klinik. Als ich heimkam, hatte Lennard unsere Wohnung im ersten Stock fertiggestellt: eine große, gemütliche Wohnküche mit einem Elektroherd und einem Kühlschrank – der pure Luxus! –, einem Schlafzimmer mit dem Stubenwagen für den kleinen Lothar neben unserem Ehebett und erst das Bad: Schwarz-weiße Klinker am Boden und rosarote Fliesen an den Wänden! Es war gewiss das schönste Bad in ganz Homburg.

Als es die Eltern sahen, schüttelten sie den Kopf. So etwas hatten sie noch nie gesehen. Bisher musste man sich immer in einem Zuber in der Küche waschen und für die Notdurft auf das Häusl draußen gehen. Aber stolz waren sie doch, was ihre

Agnes für eine schöne Wohnung hatte. Die Miete für die Wohnung arbeiteten Lennard und ich in der Landwirtschaft und im Weinberg ab, so war es mit den Eltern vereinbart worden.

Der kleine Lothar war ein zartes und empfindliches Kind. Ich konnte nicht stillen, die Milch war schnell versiegt, vermutlich durch die schwere Arbeit, die ich, gleich nachdem ich daheim war, wieder machen musste. Er vertrug keine Kuhmilch, spuckte, bekam Ausschlag und schrie die meiste Zeit. Ich war recht verzweifelt, so hatte ich mir das nicht vorgestellt.

»Jetzt probieren wir es mit Ziegenmilch, Agnes«, bestimmte meine Mutter energisch. »Wirst sehen, die verträgt er!« Sie richtete eine Flasche, legte sich den kleinen Buben in den Arm und gab ihm die Milch. Zum ersten Mal spuckte er nicht, und meine Mutter war zufrieden. Von da an entwickelte sich der kleine Lothar gut und gedieh prächtig. Später war er der Lieblingsenkel meiner Mutter.

Manchmal, wenn ich aus dem Stall kam, sah ich meinen Vater auf der Hausbank sitzen und den Kinderwagen schaukeln, in dem Lothar lag. Das hatte ich früher, bei meinen jüngeren Geschwistern, nie gesehen, und als ich mich zu ihm setzte, meinte er schalkhaft: »Ich hab ned g'wusst, wie nedt das Heitschen ist!« Dann fügte er wehmütig hinzu: »Man hat früher keine Zeit für die Kinder g'habt mit all der schweren Arbeit. Das ist schad, des wär schön g'wesen.«

Lennard, der an allen Maschinen interessiert war, hatte sich ein Motorrad gekauft, später war er einer der ersten in Homburg, der ein Auto besaß, einen Volkswagen.

Ab und zu setzte er meine Eltern, Lothar und mich ins Auto und unternahm eine Spritztour mit uns, mal ging es Richtung Würzburg oder in den Spessart, einmal sogar bis zum Wasserschloss Mespelbrunn.

Erst zierte sich die Mutter und wollte »in so was« wie ein Auto ned einsteigen, doch als sich mein Vater auf den Beifahrersitz setzte, kam sie doch zu mir und dem kleinen Lothar auf den Rücksitz. Es waren ihre ersten Autofahrten. Stolz wie eine Königin saß sie im Wagen, und wenn wir durch Homburg fuhren, schaute sie neugierig aus dem Fenster, ob auch ja alle sie sahen, und winkte gelegentlich sogar huldvoll.

Spätestens von da an war mein Lennard ihr liebster Schwiegersohn. Immer wenn er von der Arbeit in der Papiermühle heimkam, fing sie ihn im Flur ab und begrüßte ihn: »Komm rein und trink a Schnäpsle, Lennard!«

In der Blüte des Lebens

Das Elternhaus war voll belegt. Unten lebten die Eltern, und auch Luitgard hatte dort ihre Kammer. Ich war froh, dass die Schwester eingezogen war, denn Mutter und Vater waren alt geworden, das harte Leben und die lebenslange schwere Arbeit forderten ihren Tribut. Im ersten Stock wohnten Lennard und ich mit dem kleinen Lothar, droben, im Dachgeschoss, die »Strenzerinnen« Amalie, Therese und Thekla.

Die Amalie bereitete ihre Hochzeit mit Ernst aus Lengfurt vor. Sie war meist tagsüber bei ihm auf dem Hof und half in der Landwirtschaft mit, doch zum Schlafen kam sie heim. Unverheiratet dort zu übernachten, wäre unmöglich gewesen zu der Zeit.

Mir tat sie oft leid, wenn ich sah, wie müde sie aus Lengfurt heimkehrte. Es wurde ihr dort nichts geschenkt von der künftigen Schwiegermutter, und meine Mutter hatte auch meist noch etwas zu tun für sie – immerhin wohnte sie zu Hause und musste folglich das Kostgeld abarbeiten.

Auch die Therese hatte einen Freund, den Willi aus der Homburger Unterstadt. Willis Familie besaß eine kleine Landwirtschaft und einen Weinberg, so wie wir.

. Die Thekla, unsere Jüngste, war die Munterste und Frechste von uns allen. Sie erlaubte sich Sachen, die wir uns nie getraut hätten. Nachts, wenn die Mutter endlich das Licht in der elterlichen Schlafkammer gelöscht hatte, stieg die Thekla aus dem Fenster über das darunterliegende Schuppendach, um sich noch spät nachts mit Freunden zu treffen. In der Früh war sie wieder da, wie sie ins Haus zurückgekommen ist, weiß ich bis heute nicht.

Die Mutter merkte offenbar nie etwas davon – oder sagte sie nur nichts? Die Zeiten hatten sich geändert, und bei sechs Mädla wird man bei der Letzten vielleicht auch etwas nachsichtiger. »Ein Sack Flöh' ist leichter zu hüten als ein jung's Mädla« ist ein alter Spruch, den sie manchmal seufzend gebrauchte.

Wir hatten uns wieder gut eingewöhnt in Homburg.

Der Lennard hatte seine Arbeit als Chauffeur des Chefs der Papiermühle, ich half den Eltern in der Landwirtschaft und im Weinberg. Die Luitgard führte den Haushalt, wenn sie nicht gelegentlich einer anderen Arbeit außer Haus nachging. Um den kleinen Lothar kümmerte sich immer derjenige, der gerade Zeit dazu hatte.

Als Lothar zwei Jahre alt war, kam ich wieder in die Hoffnung.

»Des wird auch Zeit«, meinte meine Mutter beiläufig, als ich es ihr sagte. »Ihr wollt doch mehr Kinder, oder?«

»Drei reichen«, gab ich zurück. »Heut hat mer nimmer so viel Kinder wie früher, schließlich soll aus allen auch was Rechtes werden.«

»Und? Ist aus euch nix Rechtes worden?«, gab sie spitz zurück.

»So viel wie wir damals sollen meine Kinder amal ned arbeiten müss'.«

Sie schüttelte den Kopf: »D' Arbeit hat noch keinem g'schadet!«

In diesem Jahr hatte meine Mutter zwei Hochzeiten auszurichten: Die Amalie heiratete ihren Ernst, und die Therese ihren Willi. Wieder wurden die Hochzeiten traditionell, so wie schon bei Olga und mir, auf dem Hof ausgerichtet.

»Gut, dass wir jetzt nur noch die Thekla und die Luitgard zu verheiraten haben. Das geht doch recht ins Geld«, jammerte die Mutter.

»Des könn' mer uns schon leisten«, meinte der Vater, der stolz auf seine hübschen Töchter war. »Ich glaub, bei der Thekla ist's auch bald so weit.«

»Bei der Thekla? Wie meinst des?« Die Mutter schaute den Vater argwöhnisch an

»Ich mein halt nur«, wich der aus.

Ich sagte nichts, aber ich wusste von der Thekla, dass sie bereits schwanger war. Ein uneheliches Kind! Der Mutter hatte sie es bis jetzt verschwiegen. Hatte es der Vater bemerkt?

Im April 1953 kam ich wieder nieder, wieder in der Theresienklinik in Würzburg. Dieses Mal ging es viel leichter vonstatten, ein kleines Mädla, das wir Doris nannten, erblickte das Licht der Welt.

Genau in die Zeit der Geburt unserer Tochter fiel Theklas Hochzeit. Ich konnte nicht dabei sein, aber es wurde eine ebenso schöne Hochzeit wie bei uns anderen, wie man mir erzählte, es sollte allerdings auch die letzte auf dem Hof sein.

Als ich wieder daheim war, jetzt lag die kleine Doris im Stubenwagen und Lothar in einem Kinderbettchen in unserem Schlafzimmer, kam die Thekla ganz aufgebracht zu mir.

»Stell dir vor, Agnes! Am Tag nach der Hochzeit kommt doch die Luitgard zu mir und fragt mich, wo das Brautkleid wär. Ich hab ihr gesagt, dass es im Schlafzimmer hängt. Da ist sie hin, hat das Kleid und den Schleier gepackt, hat beides in eine große Tüte gestopft und ist auf und davon.«

Ich lachte. »Ja, und? Die Luitgard ist die Letzte von uns, die heiraten wird.«

»Die?«, rief die Thekla aufgebracht. »Die alte Jungfer? Die nimmt bestimmt keiner mehr!«

Thekla sollte recht behalten. Jedenfalls blieb die Luitgard unverheiratet, ob gewollt oder ungewollt, das haben wir nie herausgefunden. Sie war eine besondere Person, und je älter sie wurde, desto sonderbarer wurde sie. Heut denk ich oft, dass sie vielleicht nur recht unglücklich gewesen ist.

Jetzt, da die Amalie, die Therese und die Thekla aus dem Haus waren, blieb mehr Platz für unsere Familie. Das war auch nötig, denn zwei Jahre nach Doris wurde ich wieder schwanger, mein drittes und letztes Kind sollte es sein.

Aber da machte mir der Herrgott einen Strich durch die Rechnung. Als ich mich bei der Hebamme zur Untersuchung einfand, meinte die: »Agnes, ich glaub, das sind zwei!«

Mich traf fast der Schlag.

Tatsächlich waren es Zwillinge: Zuerst kam ein kleines Mädla auf die Welt, eine halbe Stunde später ein Bub. Wir nannten sie Annerose und Burkard. Meiner Meinung nach waren wir jetzt komplett.

Im Haus lebten nun meine Eltern, Lennard und ich mit den vier kleinen Kindern, gelegentlich auch Luitgard.

Lennard war ein lebensfroher, geselliger Mann, der noch dazu sehr gut aussah. Zu der Zeit kamen die ersten italienischen Gastarbeiter nach Deutschland, und oft wurde Lennard mit seinen schwarzen, lockigen Haaren und den dunklen Augen für einen Italiener gehalten. Er war beruflich viel unterwegs, jetzt arbeitete er für die Möbel-Firma PAIDI, die bis heute Kindermöbel herstellt. So blieb ich viel allein mit den Eltern, den Kindern, der Landwirtschaft und dem Weinberg.

Wenn Lennard daheim in Homburg war, half er fleißig mit. Zudem unternahm er gern Streifzüge durch den Ort, engagierte sich im Gemeinderat und ehrenamtlich in Vereinen, jeder kannte ihn als aufgeschlossenen, hilfsbereiten Menschen. Manchmal hab ich mich aber doch beschwert, dass er zu viel Zeit anderswo oder im Wirtshaus verbrachte.

Ich hatte zu solchen Vergnügungen wenig Zeit, auch wenn ich bei Festen im Ort dabei sein konnte und stets mithalf. Ich war ans Haus und an die Kinder gebunden, nur der Kirchgang am Sonntag blieb als feste Gewohnheit. Anschließend ging's allerdings gleich wieder heim zum Kochen.

Das ruhige Leben, das ich in Bremen gehabt hatte, war vorbei. Nun hieß es wieder arbeiten und werkeln von früh bis spät, denn die Eltern wurden, obwohl sie noch viel leisteten, immer weniger belastbar.

Am liebsten war ich im Weinberg, auch wenn der Ertrag oft nicht das hergab, was man an Arbeit hineingesteckt hatte. So manches Mal war ich allein beim Hacken und Schneiden unterwegs und genoss die Ruhe. Dort konnte ich meinen Gedanken nachhängen. Gelegentlich setzte ich mich, wie früher, auf eines der kleinen Mäuerle, sah hinunter auf Homburg und auf unseren Hof über dem Ort auf der anderen Seite, der damals noch allein dort oben stand. Diese Stunden im Weinberg waren meine Erholung und Freude.

Drei Jahre, nachdem die Zwillinge zur Welt gekommen waren, wurde ich unerwartet wieder schwanger, erneut bekam ich ein Mädla, das wir Gudrun nannten.

Als ich einmal bei der Mutter stöhnte und meinte, das wäre jetzt aber ganz sicher das letzte Kind, meinte sie lakonisch: »Solang ma singt, ist d' Kirch ned aus! So was geht schneller, als a Mark verdient ist.«

Ich behielt dann aber doch recht, und nach Gudrun kamen keine Kinder mehr. Immerhin hatte ich in zehn Jahren fünf Kinder zur Welt gebracht – und das neben der vielen Arbeit. Wenn ich allerdings heute zurückdenke, glaube ich, dass dies die schönsten Jahre meines Lebens waren. Auch wenn die Jugend vorüber war, stand man doch voller Kraft mitten im Leben.

Das Elternhaus wurde zu eng mit fünf Kindern, den Eltern, Luitgard, Lennard und mir, insgesamt zehn Personen. Platz fehlte an allen Ecken und Enden. Noch dazu war das Haus einfach nicht mehr zeitgemäß. Jetzt stellte man an das Wohnen andere Anforderungen als noch vor vierzig, fünfzig Jahren. Vieles hatte sich verändert.

So beschlossen Lennard und ich, ein eigenes Haus für unsere Familie zu bauen, neben dem Elternhaus. Es war auf dem Grundstück, auf dem mein Vater im Zweiten Weltkrieg unseren privaten »Luftschutzbunker« gegraben hatte.

Der Hausbau erforderte wieder viel Arbeit, denn das meiste machten wir selbst, nur gelegentlich zogen wir einen Handwerker hinzu oder unterstützten uns die Nachbarn.

Als das Haus nahezu fertig war, zogen wir mit den fünf Kindern um. Ich war stolz auf unser neues Heim. Jetzt hatten die Kinder genügend Platz, wir hatten ein noch schöneres Bad als das rosarote von drüben und erst die Küche! Es war eine moderne Wohnküche, mit Elektroherd und Kühlschrank sowie einer gemütlichen Sitzecke für uns alle ausgestattet.

Meine Mutter schüttelte fast ungläubig den Kopf, als sie unser neues Heim begutachtete. »Schön ist des alles schon, aber mir ist mei' Häusla drüben doch lieber«, meinte sie.

Das verstand ich gut, war sie es doch in ihrem ganzen Leben nicht anders gewohnt, warum auch sollte sie auf ihre alten Tage noch etwas verändern?

Für die Kinder war es schön, neben Oma und Opa zu wohnen. Immer stand eine Kanne mit Linde's Kaffee auf dem Herd, und Brot, dick mit Butter beschmiert, mit ordentlich Zucker drauf gab es auch. Für mich war es eine große Hilfe, eine Aufsicht für die Kinder zu haben.

Auch die Kinder von der Thekla, die jetzt zwei Zwillingspärchen hatte, und die Kleinen von der Therese, die mit ihrer Familie in der Unterstadt von Homburg lebte, kamen oft zu uns herauf. Dann ging es recht turbulent zu. Damals hatten die Kinder viel Freizeit, anders als heute, wo die Stunden nach der Schul' mit allen möglichen Terminen und Aktivitäten verplant sind.

Unsere Kinder wuchsen in der Natur auf, wir hatten Tiere auf dem Hof und auch erste Maschinen für die Landwirtschaft. Die Arbeit auf dem Feld war lange nicht mehr so beschwerlich wie zu meiner Kindheit oder gar zu der meiner Eltern. Allerdings mussten auch meine Kinder fest mit anpacken, das kannte ich nicht anders, so war es ja auch bei mir gewesen.

Jedes Kind hatte seine Aufgabe, und wenn die Erntezeit nahte, egal ob im Obstgarten, auf dem Acker oder im Weinberg, arbeiteten sie tüchtig mit. Meist, wenn sie von der Schul' heimkamen, lag ein Zettel da mit Aufträgen an sie: »Ich bin auf dem oberen Feld und dann im Weinberg, kommt nach und helft!« Oder ich hatte Aufgaben aufgeschrieben wie Kartoffelkochen, den Hof kehren, im Stall ausmisten und so weiter. Es gab immer etwas zu tun. Ich lehrte sie auch das Kochen: Eier in

Senfsoße, zu denen es gekochte Kartoffeln gab, war eines der ersten Gerichte, das ich ihnen beibrachte.

Als die Doris einmal geweint hat, weil ihr vom Rebenzwicken mit der Schere die Hände so wehtaten – so erzählt sie mir jedenfalls heute noch –, gab ich ihr nur einen Knuff und sagte: »Heul ned, mach weiter, sonst werden wir nie fertig.« Es kann schon sein, dass ich dann und wann recht hart gewesen bin wie schon meine eigene Mutter, aber ich kannte es nicht anders, war es so gewohnt, und »was g'macht werd' muss, das muss g'macht werd'.«

Die Doris hatte für die Arbeit im Weinberg eine neue, kleine Hacke gekriegt. Als sie einmal, die Hacke geschultert, auf dem Weg zum Weinberg war, muss ein Mann zu ihr gemeint haben: »Das kleine Fräulein hat aber eine schöne Hacke.« Von da an hieß die Hacke nur »das Fräulein«.

Die Doris war sehr stolz auf ihr »Fräulein«, damit machte die Arbeit doch ein bissla mehr Freud'. Die Hacke hat sie bis heute behalten, zur Erinnerung.

Auch an den Sonntagen haben wir gearbeitet. Die Kinder mussten früh raus und aufs Feld und Kartoffeln hacken, noch vor dem Kirchgang. Erst nach dem Mittagessen konnten sie ihre freie Zeit genießen.

Selbst an den Feiertagen arbeiteten wir auf dem Feld, zum Beispiel bei der Kartoffelernte. Sonn- und Feiertagsarbeit waren zwar gesetzlich verboten, aber wir haben es trotzdem gemacht, man musste ja das schöne Wetter nutzen. Gelegentlich drehte die Polizei ihre Runden, um zu schauen, ob jemand trotz des Verbotes arbeitete.

Wenn ich die ankommen sah, rief ich: »Schnell, legt euch in die Zeil!«, und wir schmissen uns zwischen die Ackerfurchen, um nicht entdeckt zu werden. Auch bei Gewitter machten wir es so. Man konnte nicht wegen jedem bisschen Regen, Blitz und Donner heimlaufen und die Arbeit Arbeit sein lassen.

Ich war für alles verantwortlich: für das Haus, die Kinder, die Landwirtschaft und den Hof, für den Weinberg und die Finanzen. Meine Eltern halfen zwar mit, so gut sie noch konnten, und auch der Lennard. Doch der war inzwischen meist mit dem Lkw unterwegs, fuhr oft bis nach Italien, um Waren auszuliefern. Da lasteten die ganzen Verpflichtungen auf meinen Schultern, ich musste alles allein zusammenhalten.

Heute würde man sagen, ich war die »Managerin eines kleinen Familienbetriebes«, doch mit dem Unterschied, dass ich nicht nur alles gemanagt habe, sondern selbst die fleißigste Arbeiterin war.

Trotz allem war es eine schöne Zeit, der Höhepunkt meines Lebens.

Die Weinbergserneuerung

Heute muss ich sagen, dass zu jener Zeit, vor der Weinbergsumlegung, der Weinbau in Homburg eher zum Erliegen gekommen als dass es lukrativ gewesen wäre. Zu schwer war die Arbeit, zu gering der Ertrag.

In der Weinerzeugung lag Homburg an 18. Stelle von insgesamt 20 fränkischen Genossenschaften. Zu weit lagen die einzelnen Parzellen auseinander, zu mühselig war der Weinbau, der nur in Handarbeit betrieben werden konnte. Viele der früheren Häcker hatten schon aufgegeben.

Gegen Mitte der 1950er-Jahre waren vom Würzburger Flurbereinigungsamt erste Weinbergumlegungen angeordnet worden, wobei im Zuge der Flurbereinigung die Parzellen neu eingeteilt werden sollten, um kleinflächige Gründe zu vermeiden. Auch zu uns nach Homburg war diese Kunde gelangt, und es wurde heftig diskutiert, ob man sich dieser Maßnahme anschließen sollte.

Da ging es hoch her, denn jeder hatte seine eigene Meinung, schließlich war das ein großes Unterfangen, das viele Veränderungen im Weinbau, in der Natur und vor allem auch hinsichtlich der Eigentumsverhältnisse nach sich ziehen würde.

Es gab zwar Zuschüsse, aber einen großen Teil der Kosten für die Maßnahmen mussten die Weinbauern selbst tragen. Da war es für manchen der kleinen Weinbäuerle klar, dass er den Weinbau aufgeben musste, da er diese Kosten nie hätte aufbringen können.

Auch wir beratschlagten, was zu tun wäre, und waren uns auch innerhalb der Familie nicht einig. Mein Vater hatte immer lieber auf dem Feld und im Wald gearbeitet, während meine Mutter, die Geschwister und ich überwiegend den Weinberg bewirtschaftet hatten.

Lennard war ohnehin viel unterwegs, er trug mit seiner Arbeit hauptsächlich zum Familienunterhalt bei.

»Was meinst, Agnes?« Meine Mutter sah mich an. »Willst den Weinberg behalten? Du hast die meiste Arbeit, du musst entscheiden!«

Alle sahen mich fragend an.

Ich ahnte, was da an Arbeit und finanzieller Belastung auf mich zukommen würde, aber den Weinberg wegzugeben, wäre für mich nie infrage gekommen.

»Der Weinberg bleibt«, sagte ich entschlossen.

»Denk noch mal in Ruh' drüber nach, Agnes«, meinte der Vater. »Du weißt, was das für dich heißt, jetzt, wo wir alt werden und nimmer so können und der Lennard viel unterwegs ist.«

Abends im Bett überdachte ich die Sache nochmals. Ich erinnerte mich an die vielen Tage meiner Kindheit, an denen ich mit der Mutter und den Geschwistern, vom zeitigen Frühjahr bis zum späten Herbst, im Weinberg gearbeitet hatte. Ich dachte an die vielen Stunden, die ich dort droben verbracht und gehofft hatte, Lennard würde doch noch aus dem Krieg heimkommen, an die Freude, als ich ihn endlich wiedersah und er mich im Weinberg gefunden hatte.

Mir fielen die vielen lustigen Begebenheiten, die Vespermahlzeiten und die Genugtuung ein, wenn in guten Jahren die Butten voll gewesen waren und wir die Trauben zur Genossenschaft bringen konnten. Aber auch an die Enttäuschung erinnerte ich mich, wenn in schlechten Jahren fast nichts an Trauben am Rebstock gehangen hatte, trotz aller Bemühungen. Nicht zuletzt kamen mir die vielen Jahrzehnte in den Sinn, in denen sich meine Vorfahren im Weinberg abgearbeitet hatten, aber auch an meine Kinder dachte ich, die teilweise mit der Arbeit im Weinberg aufgewachsen und fleißig mitgeholfen hatten.

Das alles ging mir durch den Kopf und letztendlich überwogen doch die schönen Erinnerungen, auch das Gefühl der Verantwortung und Verpflichtung der vergangenen und kommenden Generationen gegenüber. Nein, meine Entscheidung war endgültig: Den Weinberg, den würde ich nicht hergeben, koste es, was es wolle.

Nach der Flurbereinigung, so hatte uns der Mann vom Ministerium in Würzburg versprochen, würde alles anders werden: Der moderne Weinbaubetrieb würde die Erträge steigern, und vor allem wäre die Arbeit im Weinberg mit der erfolgreichen Umlegung und Umgestaltung viel leichter.

»Ihr macht das ja noch wie im Mittelalter, da hat sich nicht viel geändert«, wurde uns gesagt, und da mochte der Mann im Großen und Ganzen richtig liegen. »Aber auch die Winzerei wird sich verändern, der Frankenwein wird zu neuer Blüte und Ansehen kommen, so wie es früher einmal war.«

Die Weinbergumlegung und Neugestaltung war ein riesiges Projekt, das in ganz Franken durchgeführt werden und Jahre dauern würde. Zuerst wurden die Parzellen neu vermessen und zusammengelegt, denn bisher besaßen die Weinbauern, oft noch aus vordenklichen Zeiten, da und dort kleine Teile, die ein wirtschaftliches Arbeiten unmöglich machten. Jetzt sollten durch Tausch oder Zukauf größere, zusammenhängende Weinberge erstehen.

Manch einer der kleinen Weinbäuerle gab auf, ihre Flächen wurden abgelöst und anderen Flächen zugeschlagen. Man kann sich vorstellen, dass diese Umgestaltung nicht immer friedlich vonstattenging. Der eine fühlte sich übervorteilt oder bekam nicht die Fläche in der Lage, die er sich vorgestellt hatte, denn es gab und gibt bessere und schlechtere Lagen. Wenn man Beziehungen hatte oder als Erster an die Reihe kam, konnte es schon sein, dass man eine bessere und noch dazu die gewünschte Lage bekam. Für die anderen hieß es dann bei der allgemeinen Anhörung: »Die Parzelle ist leider schon vergeben, und diese Lage auch …«

Mir gefiel der neue Teil, der uns zugeteilt wurde, zunächst gar nicht gut. Ich fand, wir wären in die Ecke gedrängt worden, aber mittlerweile erwies sich die Lage dann doch als recht gut. Mit der Neuparzellierung war jedoch erst der Anfang gemacht.

Stück für Stück wurden die Weinberge umgebaut, denn jetzt sollten Maschinen die mühselige Handarbeit zum Teil ersetzen, was in den alten Weinbergen mit den terrassenartigen Abstufungen und Mäuerchen nicht möglich gewesen wäre.

Der Umbau fand stückweise statt. Das Landstück, das an der Reihe war, wurde »abgeräumt«, Weinstöcke, Stickel, Pflanzpfähle und Mäuerchen entfernt, teilweise wurde Erde darauf verteilt, sodass eine ebene, wenn auch steile Fläche entstand.

Beim sogenannten »Rigolen« wird der Boden mit einer großen Spatenmaschine umgeschichtet und vermischt, in Tiefen bis zu sechzig Zentimeter. Beim Abzeichnen wurden Parzellen neu vermessen und vorher freigelegte Grenzsteine nach den neuen Maßen versetzt. Alsdann legte man die Bewirtschaftungswege an, vermaß die Anzahl der Zeilen, die Zeilenbreite und die Grenzabstände zum Weg und zu den Nachbarweingärten.

Spannende Tage waren das, ich war jeden Tag vor Ort, um die Grenzsteinlegung zu überwachen, auch, um nicht übers Ohr gehauen zu werden. Jeder Quadratmeter war wichtig für mich. Endlich wurden die neuen Pfähle, die jetzt aus verzinktem Eisen bestehen, mit einem »Pfahldrücker« in den Boden gerammt und zusätzlich mit einem schweren Hammer von Hand nochmals nachgeschlagen. Die sitzen fest; jetzt muss man die Stickel nicht mehr, wie einst, im Herbst entfernen und im Frühjahr neu einschlagen – eine große Arbeitserleichterung.

Anschließend wurden um die vierzig Zentimeter tiefe Setzlöcher gebohrt, maschinell oder per Hand steckte man die neuen Rebsetzlinge hinein, bevor mit Erde aufgefüllt und eingeschlämmt wurde.

Die früheren Anbindemethoden mit Schnüren oder Hanf bzw. Bast sind heute dank Drähten hinfällig, die von Stickel zu Stickel gespannt werden und an denen man die Rebzweige anbindet. So bekommen die Trauben mehr Sonne, was sich in den Oechslegraden niederschlägt und demzufolge auch im Wein. Ein alter Winzerspruch besagt: »Je mehr Wärme in den Trauben, desto mehr Wärme im Glas.«

Jetzt konnte man mit einem kleinen Traktor die Weinberge auf den Arbeitswegen befahren. Die Abstände zwischen den Rebstöcken sind so angelegt, dass man eine Seilwindenegge hinunterlassen und heraufziehen kann. Auf der sitzt ein Mann, der die Egge steuert und den Boden auflockert, so muss man per Hand nur noch zwischen den Weinstöcken eggen.

Als der erste Teil der Umlegung unseres neuen Weinbergs in Arbeit war, ging ich mir das täglich anschauen. Natürlich hat mir schon das Herz geblutet, als ich sehen musste, wie die Rebstöcke herausgerissen wurden und alle Mäuerchen verschwanden, auf denen wir bei der Vesper immer gesessen sind.

Jetzt sah der Weinberg irgendwie seelenlos aus, aber wenn nach Feierabend gevespert und Most getrunken wurde und jeder zufrieden mit seiner geleisteten Arbeit schien, war das doch auch wieder schön, nur anders halt.

Heute noch gibt es vereinzelte alte Weinberge, meist von der Flurbereinigung vergessene kleine Streifen, liebevoll gepflegt von ihren betagten Besitzern. Doch auch diese werden mit deren Tod verschwinden, gerodet, vergessen, vom Wald zurückerobert.

In diesen alten Parzellen wachsen noch alte Sorten wie Tauberschwarz, Elbling, Heunisch oder Lämmerschwanz. Manche dieser historischen Weinberge werden sogar vom Amt für Denkmalschutz bezuschusst, damit sie nicht verfallen, sind sie doch, gleich Museumsstücken, Zeugnisse früherer Zeit und der harten Arbeit im Weinberg.

Als der erste Teil unseres Wengerts fertig und mit neuen Rebstöcken bepflanzt war, kamen auch meine Eltern, um den Weinberg zu besichtigen. Man sah ihren Gesichtern die Enttäuschung und Bestürzung an. Das, was sie nun sahen, hatte mit den Wengerten, wie sie sie kannten und ihr Leben lang, wie schon ihre Vorfahren, bearbeitet, beackert und gepflegt hatten, nur noch wenig zu tun.

Ich schaute ihnen nach, wie sie kopfschüttelnd zurück ins Dorf schlurften, der Vater schwer gebeugt, die Mutter an seiner Seite. Ich verstand die beiden gut, ging es mir doch ähnlich.

Doch es war eine neue Zeit angebrochen; in der Landwirtschaft hatten längst moderne Geräte und

Maschinen Einzug gehalten. Warum auch nicht im Weinbau?

Jetzt hatten das schwere Hacken und die Bodenbearbeitung mit der Hand ein Ende, ebenso das mühselige Schlagen und Entfernen der Stickel und, bei der Weinlese, das Schleppen der Trauben in der Butte hinunter oder hinauf zum Kühgespann. All das war nun passé, doch trotz all der Erleichterungen würde es immer noch genug zu tun geben im Wengert.

Mit dem Umbau pflanzten wir auch neue Rebsorten, überwiegend Silvaner und Müller-Thurgau, die heutzutage beliebt und für unseren Boden geeignet sind. Heute dürfen in Deutschland wegen der Reblaus, die vor 1900 Weinberge in ganz Europa binnen kürzester Zeit vernichtete, nur noch Pfropfreben gepflanzt werden. Damals sind reblausresistente Pflanzen aus Amerika eingeführt und mit europäischem Edelreis gepfropft und verdelt worden, nur so konnten die wertvollen europäischen Rebsorten weiter angebaut werden.

Es wird auch mehr Wert auf gesunde, robuste Weinstöcke gelegt, die zwar weniger, jedoch geschmacksintensivere Trauben erbringen. Auf den Ausbau des Weines legte man früher nicht so viel Wert, sondern vielmehr auf die Ertragsmenge. Ein gutes Weinjahr brachte einen guten Tropfen, ein schlechtes eben einen schlechten.

Das ist heute ganz anders: Es wird viel Wert auf den Geschmack und die Süße der Trauben gelegt. Der Weinausbau ist eine komplizierte Sache geworden, doch zum Vorteil des guten Weines aus

Franken, der seine speziellen Liebhaber gefunden hat und wieder sehr gefragt ist.

Die klassische alte Flaschenform für den Frankenwein ist der Bocksbeutel: ein flaches, bauchiges Glasgefäß mit kurzem Hals. Dieser darf nur für fränkische Weine verwendet werden. Man vermutet, der lustige Name »Bocksbeutel« stamme von der Form des Hodensacks des Ziegenbocks, vermutlich ist diese Benennung einmal in weinseliger Runde alter fränkischer Winzer aufgekommen. Heute wird Frankenwein aber auch in handelsüblichen Weinflaschen abgefüllt und verkauft.

Hatte schon der Hausbau viel Geld verschlungen, mussten wir den Gürtel nach der Umlegung noch enger schnallen. Die Reben brachten im zweiten Standjahr nur den »Jungfernertrag«, erst im dritten Jahr konnte man mit einer vollen Ernte rechnen.

Da entschlossen wir uns kurzerhand, die Ernte nicht mehr an die Winzergenossenschaft zu liefern, sondern an das Weingut Deppisch in Marktheidenfeld. Die Familie besitzt nicht nur eine große Weinkelterei mit hervorragenden Weinen, sondern in der Altstadt von Marktheidenfeld auch den *Anker*, ein nobles Hotel, und das Restaurant *Weinhaus Anker*.

Früher fuhr der alte Herr Deppisch mit einem Traktor in die umliegenden Weindörfer, um Trauben aufzukaufen, denn im Familienbesitz befanden sich zu wenig Weinberge für seine große Kelterei.

Jetzt, da man selbst einen Traktor hatte, brachte man die Ernte zu Deppischs nach Marktheidenfeld. Dort bekam man das Geld gleich bei der Lieferung, nachdem die Trauben gewogen und der Oechslegrad festgestellt worden war, denn danach richtete sich der Preis. »Hier die Trauben, da das Geld«, das war die Deppisch-Devise, und wir brauchten das Geld dringend. Zudem gab es zusätzlich ein paar Flaschen »Haustrunk« für daheim.

Bei der Winzergenossenschaft bekam man das Geld nur abschlagsweise über das Jahr verteilt, was wir uns bei den hohen Zinsen für das Darlehen vom Haus und vom Umbau des Weinberges nicht leisten konnten. Zu jener Zeit hatte schon der Sohn des alten Herrn Deppisch die Geschäftsführung inne, heute übernimmt das bereits schon dessen Sohn. So vergeht die Zeit.

Ich kann mich noch gut erinnern, wie der alte Herr Deppisch bei der Anlieferung der Trauben mit dabei war und die Trauben bewachte. Für die Kinder von Marktheidenfeld war es ein Riesenspaß, Trauben von den Wagen zu stibitzen. Dann ist der alte Herr Deppisch schimpfend und mit dem Krückstock drohend hinter den kleinen Dieben hergelaufen, so gut er noch konnte. Heute isst fast niemand mehr die Trauben, die zum Keltern von Wein gedacht sind. Die Schale ist zu dick, und die Frucht hat viele Kerne. Doch damals gab es in den Geschäften noch keine Tafeltrauben so wie heute, und die Kinder freuten sich über ihre süße Beute.

Die Arbeit im Weinberg war jetzt, nach der Neugestaltung, wesentlich einfacher als früher, obwohl immer noch vieles per Hand erledigt werden musste, was bis heute so ist.

Jetzt kann man mit einem kleinen Traktor oben, unten und in der Mitte des Weinbergs entlangfahren und muss die Butten nicht mehr so weit schleppen, denn diese können gleich auf den Traktor geladen werden.

Bei all den neuen Errungenschaften und der künftigen Arbeitserleichterung war mir schon etwas wehmütig ums Herz, als die Neugestaltung der Weinberge vollbracht war, denn ein Stück alter Heimat war damit verloren gegangen.

Abschiede

Vieles veränderte sich in den Sechzigern. Deutschland hatte nach dem Krieg ein Wirtschaftswunder erlebt, die Städte waren mit viel Fleiß wieder aufgebaut worden, und es herrschte allgemeiner Wohlstand.

Um die große Politik kümmerte ich mich nicht, ich war beschäftigt mit der Hausarbeit, der Kindererziehung und der Arbeit auf dem Hof, im Stall, auf den Wiesen und Feldern und im Weinberg. Nicht zu vergessen die Eltern, die im alten Haus geblieben waren, das sich jetzt geleert hatte. Sie arbeiteten noch mit, so gut sie konnten, sie hätten es nicht anders gewollt, mussten aber natürlich auch versorgt werden.

Mit dem Vater fuhr ich noch oft in den Spessart zur Holzarbeit, aber jetzt hatten wir statt der Kühe einen Traktor mit Anhänger. Nun musste ich nicht mehr mit dem Kühgespann herumhantieren, sondern saß hinter dem Steuer, den Vater neben mir.

Auch sonst veränderte sich vieles. Lennard war nun nicht mehr der Einzige in Homburg, der ein Auto besaß, schnell wurden auch die Straßen ausgebaut und asphaltiert. Viele renovierten ihre alten Häuser, bauten um oder rissen ab und bauten neu.

Viel Schönes, Altes verschwand und machte Neuerungen Platz, die nicht immer gelungen aussahen. Doch das brachte der Wandel mit sich, so war es jetzt modern.

Auch der Wiesenweg zu unserem Hof war zu einer Straße ausgebaut worden, in der Nachbarschaft standen schon vereinzelt Wohnhäuser, wir wohnten also nicht mehr allein dort oben am Hang.

Die Kinder gingen in die Schule, die kleine Gudrun in den Kindergarten, und Lennard war unterwegs mit dem Lkw.

Wie damals bei mir und meinen Schwestern lagen jetzt auch bei meinen Kindern Zettel mit Notizen und Arbeitsanweisungen auf dem Küchentisch: *Ich bin auf dem Kartoffelacker, kommt nach und bringt eure Hacken mit und schaut bei der Großmutter nach, der geht's heut ned gut und kocht Kartoffeln vor für heut' Abend.*

Meine Kinder erzogen sich weitgehend selbst, die Größeren waren für die Kleineren verantwortlich, alle mussten mitarbeiten und helfen, so gut sie konnten. Das war selbstverständlich, da wurde nicht weiter drüber nachgedacht. Dass sie in der Schule ordentlich und fleißig zu sein hatten, nahm man ebenfalls als selbstverständlich an.

Mit der Hausarbeit war es nun auch einfacher: Man hatte fließendes Heiß- und Kaltwasser, verfügte über Bad und WC und eine Zentralheizung, auch wenn man sparsam mit allem umging. Endlich war es vorbei mit dem Heizen im Herd, der nur die Küche wärmte und die Zimmer im Winter eiskalt ließ, vorbei mit der Plackerei am Waschtag, dem mühseligen Einweichen, Auskochen und Schrubben der Wäsche. Jetzt standen im

Keller eine Waschmaschine und eine Wäscheschleuder.

Mittlerweile wechselte man die Wäsche viel öfter, und das bedeutete jede Woche einen Berg voll Leib- und Bettwäsche bei, mit der von den Eltern eingeschlossen, immerhin zehn Personen.

Auch das Kochen war einfacher geworden mit dem Elektroherd, und in Homburg gab es jetzt einen Laden, in dem man fast alles kaufen konnte, was man täglich brauchte. Auch Brot backten wir nur noch gelegentlich selbst, das vom Bäcker schmeckte den Kindern ebenso gut.

Nicht zuletzt hatte ein Fernseher bei uns Einzug gehalten. Lennard war immer schon an allen technischen Neuerungen interessiert gewesen, und eines Tages brachte er ein Fernsehgerät nach Hause. Bis dahin konnte man nur in der *Krone* fernsehen, was meist nur die Männer taten, die sich dort die Fußballspiele ansahen. Nun hatten wir einen privaten Schwarz-Weiß-Fernseher, wie es damals üblich war, denn das Farbfernsehen kam erst später.

Erst hatte ich protestiert, aber dann gefiel es mir doch, abends nach getaner Arbeit im Sessel zu sitzen und mir, ab und zu sogar bei einem Gläschen Wein, Filme anzuschauen. Wie hatte sich mein Leben verändert!

Die landwirtschaftlichen Flächen hatten wir weiter verkleinert und zum Teil brachliegen lassen, es wäre für mich allein, trotz der Unterstützung vom alten Vater und Lennards Hilfe am Abend, nicht zu schaffen gewesen.

Lennard verdiente mit seiner Arbeit den Groß-teil dessen, was wir brauchten, aber ganz von der Landwirtschaft wollte ich mich nicht trennen, zumindest nicht, solange die Eltern noch lebten.

Ich war zufrieden mit meinem Leben.

Es darf einem nicht zu gut gehen, lautet eine alte Weisheit. Meine Kinder wurden flügge, ließen sich nicht im Haus unter meiner Fuchtel halten, wie das meine Mutter noch von uns verlangt hatte. So wie früher sie, ließ jetzt ich im Schlafzimmer das Licht brennen und konnte nicht einschlafen, bis alle daheim waren.

Doris, meine Älteste, war eines Abends mit ein paar Freunden im Auto in Richtung Würzburg unterwegs. Eigentlich hätte sie im Weinberg mithelfen sollen, aber sie wollte unbedingt mit den anderen zum Tanzen.

Ich lag im Bett und wartete auf meine Tochter, alle anderen waren bereits daheim. Lennard schlief und schnarchte neben mir. Endlich hörte ich draußen auf dem Hof ein Auto vorfahren. Ich schaute auf meinen Wecker. Zwei Uhr morgens! Die tät' jetzt aber was zu hören kriegen!

Aber es war nicht Doris, sondern die Polizei.

Ich stand im Mantel, den ich schnell über mein Nachthemd geworfen hatte, an der Tür. Es war eine kalte Herbstnacht.

»Wir müssen Ihnen sagen, dass Ihre Tochter einen Unfall gehabt hat«, sagte der eine Polizist.

»Die Doris?«, entfuhr es mir.

»Ja, Doris heißt sie, Doris Schäfer. Das ist doch ihre Tochter, oder?«

Ich nickte. »Und? Was ist passiert?«, fragte ich voller Angst.

»Sie hat's überlebt, aber sie ist schwer verletzt, sie liegt in Würzburg im Krankenhaus. S' wär besser, Sie täten bald hinfahren.«

Mir wurde schwarz vor Augen, ich musste mich am Türrahmen festhalten, doch die Beine versagten mir den Dienst. Benebelt hörte ich, wie Lennard hinzukam und mit den Polizisten redete.

»Agnes? Was ist? Komm, reiß dich zusamm', wir müssen nach Würzburg.«

Langsam kam ich wieder auf die Beine.

»Herrgott, lass meine Doris ned sterben«, flehte ich.

Kurz darauf waren wir unterwegs, ich betete auf der Hinfahrt nach Würzburg, dass mein Kind wieder gesund werden würde.

Als wir im Krankenhaus ankamen, führte uns eine Schwester an Doris' Bett. Sie lag auf der Intensivstation.

»Sie ist schwer verletzt, hat einen sechsfachen Beckenbruch, soweit wir bis jetzt festgestellt haben. Aber die inneren Organe scheinen nicht verletzt zu sein, Prellungen und Quetschungen halt am ganzen Körper«, sagte uns der Arzt, der Notdienst hatte.

Man hatte ihr Schlaf- und Schmerzmittel gegeben, sie sei nicht mehr in Lebensgefahr, der Kreislauf wäre stabil, hieß es.

Er sah uns aufmunternd an. »Sie hat Glück im Unglück gehabt. Sie hätte tot sein können. Sie saß genau auf der Seite, wo der Wagen an eine Mauer geprallt ist.«

»Und die anderen?«, fragte Lennard.

»Nur die junge Frau, die am Steuer saß, hat ein paar leichtere Verletzungen und Schnittwunden. Den beiden auf dem Rücksitz ist wie durch ein Wunder nichts weiter passiert.«

Ich strich meiner Doris über die Haare. Es schien alles noch mal gut gegangen zu sein, auch wenn es noch eine Zeit lang dauern würde, bis sie wieder ganz gesund wäre und wieder laufen könnte.

»Wärst nur mit mir in den Wengert 'gangen, dann wär' des alles ned passiert, Doris«, seufzte ich.

Diesen Spruch musste sich Doris während ihrer Rekonvaleszenz noch öfter von mir anhören, wenn sie mal ungeduldig war, weil es nicht so schnell aufwärts ging, wie sie das gern gehabt hätte. Das hält sie mir manchmal heut noch vor.

Doch sie wurde wieder ganz gesund, gottlob!

Allerdings machte mir meine Mutter Sorgen, ihre Kräfte ließen nach, man sah ihr an, wie schwer ihr alles fiel. Eines Tages wollte sie nicht mehr aufstehen und blieb im Bett liegen.

Luitgard, die immer wieder mal bei den Eltern wohnte, zog nun ganz ins Haus und pflegte die Mutter. Es war ein Jammer, die eigene Mutter so zu sehen. Noch mehr bestürzte uns, dass sie zunehmend vergesslich und verwirrt wurde. Es passierte, dass sie mich, wenn ich hinüberkam, gar nicht erkannte und Luitgard fragte, wer denn »die Frau da« sei.

Auch den Vater bekümmerte es sehr, wenn er seine Dora so liegen sah, doch er nahm es schicksalsergeben hin. So war halt der Lauf der Dinge, da konnte man nichts machen.

Es war im November 1973, als Luitgard zu uns ins Haus stürzte und schrie: »Agnes, schnell, der Vadder!«

Ich lief mit ihr hinüber ins Haus der Eltern, und da lag der Vater auf dem Küchenboden.

»Er ist auf seinem Stuhl gesessen, wir haben grad zu Abend gegessen, und plötzlich hat er auf'geschrien, sich an den Kopf g'fasst und ist umgefallen«, schluchzte Luitgard.

Ich beugte mich zu meinem Vater hinunter. »Vadder, was ist!?«

Er versuchte, den Mund zu bewegen, brachte aber nur unverständliche, gurgelnde Laute heraus. Eindringlich sah er mich an, und ich sah, wie Tränen über sein Gesicht liefen.

»Schnell, Luitgard, ruf den Notarzt, ich glaub', der Vater hat einen Schlaganfall!«

Wir ließen den Vater auf dem Boden liegen, denn als wir ihn aufheben und auf die Bank legen wollten, verzog er schmerzhaft das Gesicht und wimmerte.

Eine halbe Stunde später, mir kam es wie eine Ewigkeit vor, trafen die Sanitäter und der Notarzt ein und brachten den Vater mit Verdacht auf einen schweren Schlaganfall ins Krankenhaus.

Lennard, der inzwischen heimgekommen war, fuhr mit mir nach Marktheidenfeld, wohin man den Vater gebracht hatte. Mein Vater lag auf der Intensivstation, mit einer Infusionsnadel im Arm, die Augen geschlossen.

Der Arzt, mit dem wir sprechen konnten, machte uns keine Hoffnung. »Ihr Vater ist durch den Schlaganfall gelähmt und kann nicht mehr sprechen. Aber er versteht, was Sie sagen. In seinem Alter und der Schwere des Anfalls wird er ein Pflegefall bleiben, da kann ich Ihnen nicht viel Hoffnung machen.«

»Aber wie soll es denn nun weitergehen?«, rief ich. »Meine Mutter ist schon seit drei Jahren ein Pflegefall!«

Der Arzt sah auf die Krankenakte. »Ihr Vater ist dreiundachtzig.« Er zuckte mit den Schultern. »Ich kann Ihnen nicht sagen, wie es weitergehen wird. Warten wir die nächsten Tage ab.«

Ich war erschüttert. Mein Vater! Ich wusste, er war ein alter Mann, aber wir hatten immer damit gerechnet, dass die bettlägerige Mutter zuerst sterben würde, die doch drei Jahre älter als der Vater war.

Als ich am nächsten Tag zu meinem Vater ans Krankenbett trat, lag er mit offenen Augen im Bett und sah mich unverwandt an. Ich streichelte seine Hand, redete mit ihm. Ich konnte mir vorstellen, wie schlimm ihm seine Lage war. Er, der immer so vital und fleißig gewesen war, lag jetzt hilflos wie ein Säugling da.

»Ich geh' jetzt wieder, Vadder«, sagte ich nach einer Weile. »Morgen komm' ich wieder!« Wieder lief ihm eine Träne die Wange hinab. Als ich mich an der Tür zu ihm umdrehte, sah ich, wie sich der kleine Finger der gelähmten Hand auf seinem Bett etwas bewegte.

Eine Stunde später kam der Anruf vom Krankenhaus.

»Frau Schäfer, wir müssen Ihnen sagen, dass Ihr Vater gerade verstorben ist.«

Der Vater hatte es uns leicht gemacht, uns der Sorge enthoben, wie wir mit ihm als schwerem Pflegefall, zusätzlich zur Anstrengung mit der Mutter, umgehen hätten sollen.

Jetzt verstand ich auch, dass die Bewegung des kleinen Fingers ein letzter Gruß an mich, »seinen Bua«, gewesen war.

Ein paar Tage später fand die Beerdigung auf dem Friedhof in Homburg statt. Viele Homburger erwiesen meinem Vater die letzte Ehre, der sein ganzes Leben in Homburg verbracht hatte, einer von ihnen gewesen war.

Als der Sarg ins Grab gesenkt wurde und die Kriegerkameraden das Lied vom »Kameraden« spielten, dachte ich an das Bild in der Küche im alten Haus, jenes Bild, das meinen Vater als stolzen Ulanen in prachtvoller Uniform zu Pferd, auf seinem Rapp, zeigte.

Mein Vater war ein lieber, immer freundlicher Mensch gewesen. Sein ganzes Leben hatte aus Arbeit und aus Sorge um seine Familie bestanden. Ich, die Agnes, war ihm die Liebste unter seinen Töchtern gewesen. Das wusste ich, er hatte es mir oft gezeigt.

Meine Mutter bekam nicht mit, dass ihr Mann, unser Vater, nicht mehr war. Sie fragte zwar gelegentlich nach ihm, vergaß es aber schnell wieder. Nur drei Monate später, im Februar 1974, verstarb auch meine Mutter. Sie ist friedlich eingeschlafen.

Luitgard wollte ihr eine Tasse warme Milch in der Küche zubereiten, und als sie zurück ins Schlafzimmer kam, lag die Mutter tot im Bett.

»Die hat der Gregor g'holt«, sagte mir bei der Beerdigung eine alte Frau aus dem Dorf. »Weißt, Agnes, die zwei waren ein Leben lang beieinand, da lässt der eine den anderen ned allein zurück. Des erlebt man oft, und des ist auch richtig so!«

Der Tod beider Eltern in so kurzer Zeit hat mich schwer getroffen, mehr noch vielleicht der Tod meines Vaters, da ich zu ihm eine besondere Beziehung gehabt habe.

Wenn ich beider Leben überdenke, so waren diese voller Mühe und Arbeit gewesen, kaum einmal, dass sich die Eltern ein Vergnügen gegönnt hatten. Vielleicht war es in jungen Jahren, als sie verliebt waren, anders gewesen? Denn geliebt haben sie sich, das weiß ich, auch wenn es gelegentlich einmal Unstimmigkeiten gab, denn meine Mutter konnte schon heftig sein und streng. Dann ist ihr mein Vater lieber aus dem Weg gegangen, hinaus aufs Feld. Er ließ nie mit sich streiten.

Doch wo gibt es solche Vorkommnisse nicht?

Jetzt, nach dem Tod der Eltern verkauften wir die größeren Tiere, die Kühe, Schafe und Ziegen. Nur noch Hühner, Gänse, Hasen und zwei Schweine behielten wir. Zu Lebzeiten von Vater und Mutter hätte ich es nicht fertiggebracht, denn die Tiere waren die ganze Freude meines Vaters gewesen.

Auch die Felder verringerten wir noch einmal, sodass zum Schluss nur noch auf einigen Feldern und Äckern Kartoffeln, Rüben und Getreide angebaut wurde. Den Weinberg behielten wir, von dem würde ich mich nie trennen.

Die Kinder entwuchsen dem Schulalter und erlernten alle einen Beruf. Für die Landwirtschaft interessierten sie sich nicht, die wäre jetzt auch zu klein gewesen, als dass es sich für eine ganze Familie rentiert hätte. Nur Burkard ging gern mit mir hinaus in Feld, in den Wald und zum Weinberg.

Ich hatte das Elternhaus geerbt und die landwirtschaftlichen Flächen, meine Schwestern bekamen jeweils Grundstücke aus der früheren Landwirtschaft. Diese wurden jetzt sogenanntes Bauerwartungsland, denn in Homburg begann, wie vielerorts in den Siebzigerjahren, eine rege Bautätigkeit. Immer mehr Häuser wurden jetzt auf unserem Hang erbaut, der jetzt den treffenden Namen *Am Viehsteig* bekommen hatte, wohl, weil dort früher unsere Tiere weideten.

Als die Kinder erwachsen und berufstätig waren, wurde das Leben auch für mich leichter, selbst wenn sie teilweise noch im Haus wohnten. Lennard hatte inzwischen den Busführerschein gemacht und organisierte Busausflugfahrten für verschiedene Homburger Vereine, bei denen er im Vorstand oder zumindest Mitglied war. Da ging es bis nach Holland oder Südtirol, in die Schweiz, an den Lago Maggiore und einmal sogar nach Lourdes in Frankreich, zu einer Pilgerfahrt. Wenn es mit der Zeit ausging, durfte ich auch mitfahren.

Ich saß dann ganz vorn auf dem Platz des Reiseleiters, weil es da nichts kostete. Lennard hatte alles organisiert, die Unterkunft und die jeweiligen Ausflüge sowie die Lokalbesuche. Da war er ganz in seinem Element und er hat es sehr gut gemacht; die Reisen waren jedenfalls sehr beliebt.

Jetzt lernte ich eine ganz andere, eine neue Welt kennen, denn außer den wenigen Monaten in Bremen und gelegentlich einmal nach Marktheidenfeld oder nach Würzburg war ich über die Grenzen Homburgs nie hinausgekommen. Diese Reisen waren eine schöne, neue Erfahrung.

Nach und nach heirateten die Kinder, zogen aus, und jedes bekam ein Grundstück aus der früheren Landwirtschaft, um sich ein Haus für die eigene Familie bauen zu können. Nur Burkard machte noch keine Anstalten, das Nest zu verlassen. Er wirtschaftete, neben seinem Beruf, in der Landwirtschaft und am Weinberg mit. Ich war's zufrieden, mir war es recht.

Nur Lennard machte mir Sorgen. Er hatte immer aus dem Vollen gelebt, sich nie geschont und manchmal recht ungesund gelebt, wie ich fand. Vor allem war er ein starker Raucher, seit jungen Jahren, was mich immer schon gestört hatte.

Er wurde kurzatmiger, bekam einen chronischen Husten und musste bei der Arbeit öfter eine Pause einlegen oder stützte sich schwer auf den

Rechen oder die Hacke, wenn wir zusammen im Weinberg arbeiteten.

»Lennard, du g'fällst mir gar ned«, sagte ich immer häufiger zu ihm. »Du solltest mal zum Doktor gehen.«

Dann winkte er verächtlich ab. »Zum Doktor geh'n, das tun nur kranke Leut', ich brauch' keinen Doktor.«

Oft hörte ich nachts seinen rasselnden Atem, und morgens hustete er sich schier die Lunge aus dem Leib.

»Geh doch mal zum Doktor, Lennard«, schimpfte ich. Aber es hatte keinen Zweck, er hörte nicht auf meinen Rat.

Eines Tages bekam er hohes Fieber, blieb im Bett liegen. Ich stopfte ihm ein paar Kissen hinter den Rücken, sodass er besser Luft bekam. Beim Atmen rasselte es. »Jetzt hol' ich den Doktor, Lennard, so kann's ned weitergehen.«

Er winkte müde ab, sah es aber dann doch ein.

Der Doktor hörte ihn ab und machte ein ernstes Gesicht. »Sie hätten schon längst kommen sollen, Herr Schäfer«, meinte er vorwurfsvoll. »Sie müssen ins Krankenhaus, Sie haben eine schwere Lungenentzündung, das kann man nicht ambulant behandeln.«

Lennard wehrte ab, aber da wurde der Arzt energisch. »Sie wissen wohl nicht, wie gefährlich das ist? Ich lass gleich die Sanitäter kommen und Sie abholen.«

Ich war erleichtert, im Krankenhaus würde es sicher bald besser werden.

Als er gründlich untersucht worden war, sagte uns der Arzt, dass es weitaus schlimmer um Lennard stünde, als er anfangs gedacht habe. Lennard hatte einen eitrigen Abszess in der Lunge, und das sei äußerst gefährlich.

Einige Tage lag der Arme im Krankenzimmer, dann, als sich sein Zustand nicht besserte, sondern im Gegenteil verschlechterte, wurde er auf die Intensivstation verlegt. Da wurde mir bang ums Herz.

Täglich fuhr mich eines der Kinder ins Krankenhaus, täglich ging es Lennard schlechter, bis er kaum mehr ansprechbar war.

»Ihr Mann hat eine schwere Sepsis durch den Abszess, eine Blutvergiftung«, versuchte der Arzt, mich aufzuklären. »Er spricht auf keine Antibiotika mehr an.«

»Und was heißt das genau?«, hakte Doris nach, die mich an diesem Tag begleitet hatte.

Der Arzt zuckte mit den Schultern. »Ich bin kein Hellseher, aber machen Sie sich auf das Schlimmste gefasst.«

Ich glaubte, ihn nicht recht verstanden zu haben. Erst draußen im Auto erklärte Doris es mir noch mal genau. Sie weinte. Mir kamen keine Tränen, ich konnte all das nicht glauben. Lennard war ja erst vierundsechzig, er hatte noch nicht einmal das Rentenalter erreicht!

Zwei Tage später starb mein Lennard.

So schnell war es gegangen, dass ich nicht einmal mehr Abschied von ihm nehmen konnte, die letzten Stunden war er nicht mehr ansprechbar gewesen. Ich habe nur seine Hand halten und in sein fahles, eingefallenes Gesicht schauen können.

Der Friedhof in Homburg konnte die Trauergäste kaum fassen, so viele waren gekommen, um dem Leonhard Schäfer die letzte Ehre zu erweisen.

Nun war ich Witwe, mit gerade einmal fünfundsechzig Jahren.

Fast vierzig Jahre waren Lennard und ich verheiratet gewesen, zur goldenen Hochzeit hatte es nicht gereicht.

Burkard hatte im Jahr zuvor geheiratet und wohnte oben im Haus, ich unten. Alle anderen Kinder hatten in der näheren Umgebung gebaut und kümmerten sich um mich, täglich kam eines von ihnen vorbei, um nach mir zu schauen. Sie ließen mich nicht allein, und dennoch kann einem niemand den Mann ersetzen.

Täglich ging ich zu Lennards Grab. So vieles hatten wir noch zusammen erleben wollen: Unseren Lebensabend gemeinsam verbringen, dabei sein, wenn unsere Enkelkinder aufwachsen, Burkard bei der Arbeit im Weinberg helfen, Busreisen zusammen unternehmen – eben die Früchte unseres arbeitsreichen Lebens ernten.

Nun war er gegangen.

Doch nicht nur die Kinder kümmerten sich um mich, auch meine Schwestern, die Amalie, die Therese und die Thekla, die alle in Homburg lebten, waren für mich da.

Die Therese kam eines Tages zu mir und meinte: »Agnes, du bist doch immer so gern mit dem Lennard im Bus weggefahren, stimmt's?«

Ich nickte.

»In Marktheidenfeld gibt es einen Busunternehmer, der macht auch solche Fahrten, und die sind gar nicht teuer. Hättest nicht Lust, da mal mitzufahren? Dann hockst ned immer allein daheim.«

Ich schüttelte den Kopf. Verreisen ohne meinen Lennard? – Das konnte ich mir nicht vorstellen.

»Geh, Agnes! Ich würd auch mitfahren, mir tut es auch ganz gut, mal ein bisschen rauszukommen aus dem Betrieb.«

»Wenn'sd meinst«, stimmte ich zögernd zu.

»Ich bring dir nächste Woche einen Prospekt mit, da suchen wir uns was aus.«

So kam es, dass ich zusammen mit meiner Schwester Therese die Busfahrten wieder für mich entdeckte. Da ging es in die Schweiz, in die Alpen, nach Italien oder auch in den Norden, nach Amsterdam. Es waren alles schöne Ausflüge, aber doch niemals so schön wie es früher mit dem Lennard gewesen war.

In dem Bus saßen meist Frauen unseres Alters, nur wenige Männer waren dabei.

»Der hat mit müssen, des siehst dem schon am G'schau an«, lachte die Therese, wenn sie wieder einen älteren Herrn sah, der ergeben hinter seiner Frau hertrippelte.

Viele der Frauen waren verwitwet, so wie ich, da gab es viel Gesprächsstoff. Das tat oft ganz gut. Es trifft jedes verheiratete Paar, dass einer zuerst gehen muss, und meist sind es die Männer. Die Frauen halten mehr aus, bis auch für sie die Zeit gekommen ist.

Um den Hof, die noch verbliebenen Tiere, die Landwirtschaft und den Weinberg kümmerten sich, wenn ich unterwegs war, Burkhard und die anderen Kinder. Was für ein Unterschied zu früher, vor allem zu meiner Kindheit! Da wäre es nicht möglich gewesen, auf und davon zu fahren, unvorstellbar, sich so einfach, mir nichts, dir nichts, in der Weltgeschichte herumkutschieren zu lassen.

Witwenschaft

Das Leben geht weiter, auch wenn man es anfangs nicht glauben mag. Ich war mit meinen fünfundsechzig Jahren gesundheitlich noch gut beisammen und noch recht emsig. Ganz wollte ich die Arbeit noch nicht ruhen lassen.

Vieles war nun einfacher geworden. Entweder man konnte sich selbst landwirtschaftliche Maschinen leisten, oder man borgte sie sich beim Maschinenring aus.

Großvieh hatten wir schon seit Jahren nicht mehr, und mit dem Federvieh und den Hasen kam ich gut zurecht. Als Lennard noch lebte, hatten wir am Hof Schweine geschlachtet, das war immer ein besonderes Ereignis gewesen. Schweineblut brauchte ich jetzt nicht mehr zu rühren, das mussten jetzt die eigenen Kinder übernehmen. Doch jetzt, da Lennard nicht mehr lebte, hielten wir auch keine Schweine mehr. Fleisch bekam man günstig beim Metzger.

Außerdem isst man heute anders: Viele Teile vom Schwein sind heute nicht mehr gefragt. Da kauft man Schnitzel oder Kotelett stückweise, Schweinebauch oder Schweinebraten pfundweise. Für andere Teile wie den Kopf, die Füße und anderes, was wir noch verwerteten zum Wursten oder um Sülze zuzubereiten, zum Suren und

Pökeln, für die hatte jetzt kein Mensch mehr Interesse.

So verringerte sich das Arbeitspensum im Hof nach und nach. Nur das Federvieh behielt ich weiterhin. Manchmal holte ich die befruchteten Eier in die warme Küche, legte sie ins Wasser und half den kleinen Küken beim Schlüpfen. Es machte mir Freude, wenn so ein winziges nasses Wesen in meiner Hand lag und ich das Herzchen klopfen spürte. Wenn ich die Kleinen in ein Körbchen legte, dauerte es nicht lange, bis ein piepsendes, gelbes Federbällchen draus geworden war. Dann brachte ich sie nach draußen zur Henne, die kümmerte sich von nun an um ihre Küken und lehrte sie fressen.

An Martini und an Weihnachten gab es traditionsgemäß eine Gans, die wir selbst schlachteten und rupften. Da erinnere ich mich, dass meine Annerose, das Zwillingsmädchen, sich einmal in eine unserer Gänse verliebt hatte, die »Brille« hieß, weil sie um die Augen einen dunklen Kranz hatte, der wie eine Brille aussah. Diese Gans war so anhänglich, dass sie Annerose hinterherlief, sobald sie sie sah.

Aber auch »Brille« musste eines Tages dran glauben, da gibt es auf einem Hof keine Sentimentalitäten. Annerose, die deshalb sehr traurig war, hat von dem Gansbraten keinen Bissen gegessen.

Auch im Weinberg hat sich vieles verändert. Die Trauben wachsen heute an Drähten wie an Wäscheseilen, die man zwischen die verzinkten

Metallpfosten spannt, die senkrecht den Hügel entlanglaufen. Auf diese Weise bekommen die Früchte mehr Sonne und Licht und gedeihen besser.

Der Weinausbau ist eine Wissenschaft für sich, damit haben wir Weinbauern nichts zu tun. Wir liefern »nur« die Trauben, und dabei wird sehr auf Qualität und auf die Oechslegrade geachtet. Es ist immer noch viel Handarbeit am Weinberg erforderlich, vom frühen Frühjahr bis zum späten Herbst, nach der Weinlese.

Die Weinlese ist, wie immer, der Höhepunkt des Wengertsjahres. In den letzten Jahren, bedingt durch den Klimawandel, hat sich die Lese verschoben. Die Rebstöcke treiben nicht erst im Mai, sondern schon Mitte April aus, und die Ernte beginnt meist bereits im September, nicht wie früher im Oktober.

Dann zeigt sich, welche Ernte man einbringen wird. Das hängt nicht nur vom fleißigen Weinbauern ab, sondern in erster Linie vom Wetter. Wenn es im Frühjahr noch einmal kräftig friert, kann es sein, dass dies die ganze Ernte zunichtemacht.

Zur Weinlese sind heutzutage sogenannte »Vollernter« in Betrieb, riesige, vier Meter hohe Maschinen mit einem Gewicht von sechs Tonnen; welche die Reihen entlangfahren, dabei die Rebstöcke durchschütteln und an beiden Seiten die Trauben vollautomatisch abschneiden und in einem Container sammeln. Als ich das zum ersten Mal gehört habe, konnte ich es nicht glauben. Doch es stimmt und es funktioniert gut und hat sich etabliert. Diese Arbeit wird von Firmen durchgeführt, denn solch kostspielige Maschinen könnte sich ein kleiner oder mittlerer Weinbauer nicht leisten. Die Fahrer des Vollernters, allesamt Spezialisten, sitzen auf dem Bock und beginnen bereits am frühen Morgen, oft um 4 Uhr, mit der Arbeit. Die Zeit ist knapp, denn man hat nur wenige Wochen, um die Trauben in die Keltereien zu bringen, und jeder Winzer oder Weinbauer möchte rechtzeitig an die Reihe kommen.

Dabei kommt es gelegentlich vor, dass in der Dunkelheit versehentlich eine Reihe vom Nachbarweinberg geerntet wird, das gibt dann Ärger, und man muss sich irgendwie einigen.

Am Ende einer Reihe werden die abgeschnittenen Früchte auf einen bereitstehenden Hänger geladen. Diese Maschinen können eine Hangneigung von fast 40 Prozent bewältigen. Dass diese Arbeit nicht ungefährlich ist, beweisen die Unfälle, die immer wieder passieren.

In steileren Lagen jedoch, wie zum Beispiel an der Mosel, ist immer noch Handarbeit gefragt. Doch auch die Arbeit dort hat sich seit der Neugestaltung und dem Umbau der Weinberge vereinfacht. Heute zieht man mit einer Stahlseilwinde einen Wagen zwischen den Rebstöcken hinauf und hinunter, auf denen die Butten stehen. Die Mitarbeit der ganzen Familie, der Freunde und Bekannten sowie der Erntehelfer ist jetzt insbesondere dort gefragt, denn man muss die Trauben, so wie früher, einzeln mit der Hand abschneiden und in die Butte legen. Wenn die Butten voll sind, werden sie hinuntergelassen, wo der Hänger steht, mit dem die Trauben zum Winzer gebracht werden.

Es wird immer schwieriger, Helfer zu finden, die bereit sind, diese Arbeit mitzumachen, denn Muskelkater und Schmerzen im Rücken vom vielen Bücken hat man auf jeden Fall am nächsten Tag. Oft werden Saisonkräfte, meist kommen sie aus Polen, angeheuert.

Manchmal helfen, das ist fast ein bisschen Mode geworden, auch Urlaubsgäste mit bei der Weinernte, teils aus Gründen der Nostalgie, teils aus Liebe zum Wein und aus Sympathie zu »ihrem« Winzer. Dann kann man noch etwas vom früheren geselligen Treiben erleben, vor allem, wenn es zur Vesper geht, bei der kräftig zugelangt wird, wenn es Wurst, Käse, Brot und den ersten »Federweißen« gibt.

Als ich zum ersten Mal so einen Vollernter gesehen habe, damals noch eine Sensation, hätte mich das fast das Leben gekostet. Die riesige Maschine stand an einem steilen Hang. Neugierig schlich ich um sie herum, um sie mir genau anzuschauen. Da bewegte sich das Ungetüm plötzlich auf mich zu, gerade konnte ich mich noch mit einem beherzten Sprung retten, sonst hätte es mich unter sich begraben. Das wäre mein Ende gewesen.

Und noch einmal habe ich unwahrscheinliches Glück gehabt. Ich war allein an einem heißen, schwülen Tag im Weinberg unterwegs, da sah ich, wie sich in der Ferne, vom Sturm getrieben, dunkle Wolken auftürmten. Es blitzte und donnerte schon, gerade noch rechtzeitig kam ich heim, bevor das Gewitter losbrach.

Ich stand am Fenster und blickte hinüber zu unserem Weinberg. Da sah ich einen Feuerball vom Himmel herunterrasen, gerade auf unseren Weinberg zu, dann gab es einen fürchterlichen Knall. Später habe ich erfahren, dass das ein Kugelblitz gewesen sein musste.

Am nächsten Tag ging ich mit Burkard zum Weinberg, um nachzusehen, ob alles in Ordnung war. Der Blitz hatte genau an der Stelle eingeschlagen, an der ich kurz zuvor gearbeitet hatte: Ringsherum sah man verbrannte Erde, und drei Viertel der Stöcke in der Reihe waren verkohlt. Da lief mir ein Schauer über den Rücken. Wäre ich nicht heimgegangen, ich wäre mausetot gewesen.

Und noch einmal hatten wir großes Glück bei der Ernte. Die ganze Familie half mit, auch die größeren Enkelkinder, die auf dem Hänger hockten, der zur Abfahrt auf ungefähr der halben Höhe des Weinbergs bereitstand. Plötzlich löste sich, warum auch immer, die Bremse des Traktors, und er setzte sich hangabwärts in Bewegung. Das gab ein großes Geschrei! Gottlob sprangen die Kinder geistesgegenwärtig ab, während der Traktor, schneller und schneller werdend, schließlich den Berg hinunterraste, unten in einem Wassergraben landete und umkippte.

Ein Nachbar hob ihn dann mit einem Kran heraus. Was für eine Aufregung! Zu unserer Erleichterung ist alles gut ausgegangen und den Kindern nichts passiert.

Mit dem Wiederaufbau der Homburger Weinberge wurden neue Maßstäbe in puncto Qualität gesetzt. Es begann eine neue Ära des Weinbaus. Dazu wurde erstmalig, am ersten Wochenende des Septembers, ein Weinfest gefeiert, wie in vielen anderen fränkischen Weinbauorten auch.

Das allererste Fest, 1969 vom Homburger Gesangsverein *Liedertafel* organisiert, wurde auf einer Festwiese drunten am Main, unter den Nussbäumen unterhalb der Mainfähre, abgehalten. Ein großes Festzelt wurde aufgebaut, Bänke und Tische standen im Freien. Stände mit Essen, ein großes Kuchenbüfett, bestückt mit selbst gebackenen Kuchen und Torten der Homburger Frauen, und allerlei andere feine Sachen gab es da. Ich hatte mich für den Käsestand angemeldet. Es war ein riesiger Erfolg, das Zelt konnte die vielen Besucher, die von nah und fern kamen, kaum fassen.

Eine der Attraktionen war die Wahl zur Homburger Weinprinzessin. 1973 wurden meine Annerose und sieben Jahr später meine Gudrun ausgewählt. In ihren Festkleidern, mit dem Krönchen im Haar sahen beide sehr gut aus, und ich war überaus stolz auf meine beiden Töchter.

Die Weinfeste werden bis heute abgehalten, allerdings schon Ende Juli oder Anfang August, da sich die Lesezeit inzwischen vorverlegt hat.

Inzwischen finden die Feiern mitten in Homburg, am Schlossplatz statt, das ist die richtige Kulisse dafür, und von Jahr zu Jahr strömen mehr Gäste herbei.

Am Abend des Lebens

Heute bin ich zweiundneunzig Jahre alt, viel älter als Vater und Mutter geworden sind, und meinen Lennard habe ich nun schon um fast dreißig Jahre überlebt. Ich wohne noch immer in meiner schönen, gemütlichen, warmen Wohnung in dem Haus, das mein Mann und ich für uns und die Kinder erbaut haben.

Ich bin noch immer recht rüstig, habe kaum ein graues Haar, nur ein paar Zähne sind mir ausgefallen. Zum Glück bin ich auch noch gut zu Fuß, zwar nicht mehr für lange Strecken, aber am »Viehsteig« wandere ich ein bisschen herum, da nehm ich einen Stock zu Hilfe.

Hier hat sich alles verändert. Der gesamte Hang ist bebaut, kein einziger Bauernhof, so wie man sich einen Hof vorstellt: mit Stall und Misthaufen, befindet sich noch hier. Die Straßen sind geteert, auch der kleine Wiesenweg, der zu unserem Hof führte, ist heute eine breite asphaltierte Straße. Schmucke Einfamilienhäuser stehen da, vor jedem ist mindestens ein, wenn nicht zwei Autos geparkt.

Meine Kinder haben mir acht Enkelkinder geschenkt, vier Mädla und vier Buben, und ich hab sogar schon zwei Urenkelchen – ein Mädla und ein Bua. Manchmal bringe ich die Namen ein bissla durcheinander oder weiß nimmer genau, wie sie heißen. Das bringt das Alter mit sich, das ist halt so, und was für Berufe meine Enkelkinder gelernt oder gar studiert haben, da komm' ich auch nimmer mit.

Von meinen Geschwistern leben alle noch, bis auf die Luitgard, die schon verstorben ist. Aber auch sie ist immerhin einundachtzig Jahre alt geworden und hat nach dem Tod der Eltern auf einem Grundstück daneben ein Haus gebaut, das aber nie fertig wurde. Darin hat sie, immer noch ledig, mehr gehaust als gewohnt.

Die Olga ist noch älter als ich! Da sieht man, dass die viele Arbeit und das einfache Leben in unserer Kindheit und Jugend nicht geschadet haben, was das Altwerden angeht. Nicht einmal das Spritzen mit dem giftigen Kupfervitriol hat uns umgebracht!

Doris bringt mir manchmal bunte Zeitschriften mit, oder ich lese sie beim Friseur. Da geh' ich gelegentlich hin, um mich »schön« machen zu lassen.

Darin gefallen mir am meisten die Geschichten über Adelshäuser, Könige und Königinnen, Prinzen und Prinzessinnen. Diese Bilder schau ich mir gerne an.

Am meisten bewundert hab' ich die Queen Mum aus England, die Mutter der Königin Elizabeth. So manches Mal, wenn die ganze große Familie um mich versammelt ist, fühle auch ich mich wie eine »Queen Mum«.

Die »Echte« war immer recht vergnügt, hat nett gelächelt und gewinkt. Man liest, sie hätte gern mal ein oder zwei Gläschen zu viel getrunken.

Trotzdem – oder vielleicht gerade deshalb? – ist sie über hundert Jahre alt geworden.

Wenn ich auch ein bis zwei Gläsla Wein am Abend trink, von unserem guten Frankenwein, der in Maßen getrunken recht gesund sein soll, schaffe ich die hundert vielleicht auch noch!

Danksagung

Als ich Agnes Schäfer zum ersten Mal zu einem Gespräch traf, meinte sie verwundert: »Über mich kann man doch kein Buch schreib', ich hab doch nix derlebt.«

Es mag sein: Im Leben der Agnes gab es keine Sensationen oder Spektakuläres. Es war ein Leben voll Müh und Arbeit, mit Höhen und Tiefen, wie es viele Menschen der damaligen Zeit und Gegend erlebt haben. Gerade deshalb ist es erzählenswert.

Vielen Dank, liebe Agnes, dass du dich der Mühe unterworfen hast, über dein ganzes Leben Rückschau zu halten.

Um ihre Lebenserinnerungen aufschreiben zu können, war ich jedoch auch auf die Mithilfe anderer angewiesen, denn Agnes ist immerhin zweiundneunzig Jahre alt, und so manches ist ihr in Vergessenheit geraten.

Dabei fand ich Unterstützung bei der Familie: den »Kindern« Annerose und Burkard, doch allen voran bei Agnes ältester Tochter, Doris. Mit ihr war ich während des Schreibens in engem Kontakt, und sie hat in Gesprächen mit ihrer Mutter das ein oder andere Ereignis aus der Erinnerung geholt und mir übermittelt.

Besonderen Dank auch an »Tante Thekla«, die jüngste Schwester von Agnes, die inzwischen in den Achtzigern ist und die als »die kleine, kecke Thekla« im Buch erscheint. Sie hat sich an vieles aus der gemeinsamen Kindheit erinnert und es mir, recht lebhaft, erzählt.

Wertvolle Hinweise über Historisches, die Kultur und interessante Geschichten Homburgs fand ich in den Heimatbänden »1200 Jahre Homburg«, die von der Gemeinde Markt Triefenstein herausgegeben wurden, und an denen viele heimatliche Autoren mitgewirkt haben.

Letztlich bedanke ich mich bei Frau Helene Deppisch, der Seniorchefin des *Weingut Johannes Deppisch* und des *Hotel zum Anker* in Marktheidenfeld, die den Kontakt zu Agnes Schäfer vermittelt hat.

Viktoria Schwenger

Von Viktoria Schwenger bereits erschienen

Fort, nichts wie fort
240 Seiten
ISBN 978-3-475-54857-4

Im Mai 2020 jährt sich das Ende des Zweiten Weltkriegs zum 75. Mal.
Doch mit dem Ende des Krieges beginnt für viele Deutsche die Katastrophe ihres Lebens. Sie fliehen aus ihrer angestammten Heimat, um den Gräueltaten der Besatzer zu entkommen.
Nur mit dem Allernötigsten ausgestattet, machen sie sich auf den Weg in den Westen. Die größte Last der Flucht müssen die Frauen tragen, viele ihrer Männer sind nicht aus dem Krieg zurückgekehrt.
Ergreifende Schicksale, wie nur das Leben sie schreiben kann.

Morild
208 Seiten
ISBN 978-3-475-54832-1

9. April 1940. Deutschland überfällt das neutrale Norwegen und damit endet das bisher sorglose Leben der jungen Norwegerin Morild. Obwohl der Kontakt zu Besatzungssoldaten von ihren Landsleuten verachtet wird, verliebt Morild sich Hals über Kopf in den deutschen Soldaten Max, bekommt sein Kind und heiratet ihn schließlich in Oslo. Mit ihrer Tochter flieht sie über Schweden durch das kriegsgebeutelte Deutschland in die Heimat von Max im Süden des Landes und Jahre bangen Wartens auf Max' Rückkehr beginnen für sie …

Im Rosenheimer Verlagshaus bereits erschienen

Der Einödhof und sieben Töchter
272 Seiten
ISBN 978-3-475-55453-7

Liesi wächst auf einem Einödhof im oberbayerischen Dorfen als älteste von acht Geschwistern auf. Von klein auf besteht ihr Alltag aus Arbeit und Pflichten. Mit vierzehn Jahren wird sie Dirn bei einem Großbauern. Schon bald lernt sie Hans kennen, ihre große Liebe. Sie ist überglücklich, als sie ein paar Jahre später als seine Frau in seinen Einödhof einzieht und innerhalb von zehn Jahren acht Töchter zur Welt bringt. Für die junge Frau könnte das Leben mit ihrem geliebten Hans trotz aller Arbeit und Mühen sehr glücklich sein, wenn da nicht seine Stiefmutter wäre, die ihr das Leben immer wieder schwer macht.

Un-erhörte Stoßseufzer einer Bäuerin
280 Seiten
ISBN 978-3-475-54187-2

Lisa Bohnacker lebt mit ihrer Familie am Fuß der Schwäbischen Alb. Sie steht mit beiden Beinen im Leben und nimmt kein Blatt vor den Mund. Auch wenn es viel Arbeit, wenig Freizeit und den Verzicht auf Urlaub bedeutet – Bäuerin ist für sie der schönste Beruf der Welt. Herzerfrischend schildert sie, was den lieben langen Tag zu Hause und im Dorf passiert. Sei es der frühe Einstieg des Jüngsten in die Marktwirtschaft, der Bau eines Golfplatzes oder die verführerische Nachbarin, die Lisas Mann schöne Augen macht. Mit Humor und einer guten Prise Selbstironie gelingt es ihr, die kleinen und großen Herausforderungen des Lebens zu meistern. Dabei stehen das Wohl ihrer Familie und der Erhalt des bäuerlichen Standes für sie immer an erster Stelle.

Tagebuch einer Landhebamme
256 Seiten
ISBN 978-3-475-54332-6

Diese Aufzeichnungen von Rosalie Linner über die Jahre 1943 bis 1980 spiegeln das weite Spektrum der Arbeit einer Landhebamme wider: Von freudig erwarteten, aber auch von unerwünschten Kindern ist die Rede, von der Freude und den Nöten in den Familien. Als in seiner Art einmaliges Zeit- und Alltagsdokument sowie als historisches Zeugnis eines ganzen Berufsstandes sind Frau Linners Aufzeichnungen gar nicht hoch genug einzuschätzen.

Informationen zu unserem Verlagsprogramm finden Sie unter www.rosenheimer.com